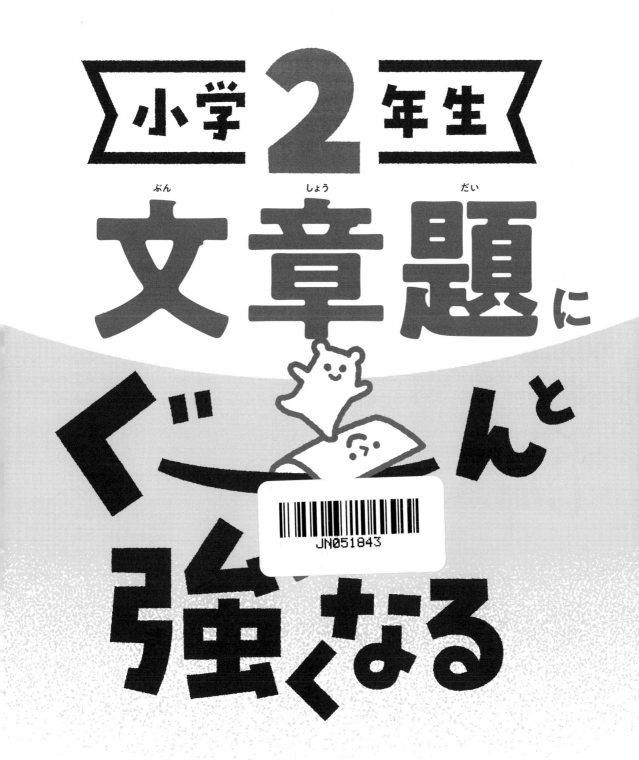

小学2年生

文章題にぐーんと強くなる

学習指導要領対応

1 たしざんと ひきざん ①

1 たまごが 30こと 50こ, あわせて なんこですか。〔8てん〕

しき 30＋50＝ □　　こたえ □ こ

2 ふうせんが 40と 60, あわせて いくつですか。〔8てん〕

しき 40＋60＝　　こたえ ＿＿＿＿＿

3 おはじきが 70こと 40こ, あわせて なんこですか。〔8てん〕

しき 70＋40＝ □　　こたえ □ こ

4 みかんが 50こと 80こ, あわせて なんこですか。〔8てん〕

しき 50＋80＝　　こたえ ＿＿＿＿＿

5 がようしが 40まいと 80まい, あわせて なんまいですか。
〔8てん〕

しき　　こたえ ＿＿＿＿＿

6 ふうとうが 80まいと 30まい，あわせて なんまいですか。〔10てん〕

しき

こたえ _____

7 花が 50本と 30本，あわせて なん本ですか。〔10てん〕

しき

こたえ _____

8 はとが 60ぱと 90ぱ，あわせて なんわですか。〔10てん〕

しき

こたえ _____

9 クッキーが 90ことと 30こ，あわせて なんこですか。〔10てん〕

しき

こたえ _____

10 お金が 80円と 50円，あわせて なん円ですか。〔10てん〕

しき

こたえ _____

11 子どもが 40人と 70人，あわせて なん人ですか。〔10てん〕

しき

こたえ _____

1 さくらんぼが 140こ, いちごが 40こ あります。ちがい は なんこですか。〔10てん〕

しき　140−40＝☐　　　こたえ ☐ こ

2 赤い 花が 50本, 白い 花が 100本 あります。ちがい は なん本ですか。〔10てん〕

しき　100−50＝

こたえ　　　　　　　本

3 おとなが 110人, 子どもが 80人 います。ちがいは なん人ですか。〔5てん〕

しき　110−80＝☐

こたえ ☐ 人

4 はとが 50ぱ, すずめが 120ぱ います。ちがいは なん わですか。〔5てん〕

しき　120−50＝

こたえ　　　　　ぱ

5 青い ふうせんが 120, 白い ふうせんが 40 あります。 ちがいは いくつですか。〔10てん〕

しき

こたえ

6 赤い いろがみが 90まい, 青い いろがみが 150まい あります。ちがいは なんまいですか。〔10てん〕

（しき）

こたえ _____

7 えんぴつが 60本, いろえんぴつが 130本 あります。ちがいは なん本ですか。〔10てん〕

（しき）

こたえ _____

8 うまが 70とう, うしが 120とう います。ちがいは なんとうですか。〔10てん〕

（しき）

こたえ _____

9 りんごが 140こ, なしが 90こ あります。ちがいは なんこですか。〔10てん〕

（しき）

こたえ _____

10 チューリップの きゅうこんが 130こ, ヒヤシンスの きゅうこんが 60こ あります。ちがいは なんこですか。〔10てん〕

（しき）

こたえ _____

11 にんじんが 80本, だいこんが 150本 あります。ちがいは なん本ですか。〔10てん〕

（しき）

こたえ _____

3 たしざんと ひきざん ③

とくてん

てん

答え ▶ 別冊解答 1・2 ページ

1 おはじきを 14こ もって います。おねえさんから 20こ もらいました。おはじきは ぜんぶで なんこに なりましたか。

しき　14＋20＝ □

〔10てん〕

こたえ □ こ

2 どんぐりを あおとさんは 26こ, しおりさんは 30こ ひろいました。2人が ひろった どんぐりは あわせて なんこ ですか。〔10てん〕

しき

こたえ

3 おとなが 38人, 子どもが 40人 います。ぜんぶで なん 人 いますか。〔10てん〕

しき

こたえ

4 はとが 30ぱ います。17わ とんで きました。はとは ぜんぶで なんわに なりましたか。〔10てん〕

しき

こたえ

5 白い ふうせんが 60, 青い ふうせんが 31 あります。 ふうせんは ぜんぶで いくつ ありますか。〔10てん〕

しき

こたえ

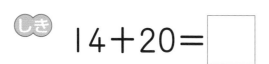

6 ひよこが 11わ います。きょう ひよこが 7わ うまれました。ひよこは ぜんぶで なんわに なりましたか。〔10てん〕

しき　11＋7＝

こたえ　　　　　　わ

7 プールで 子どもが 22人，おとなが 7人 およいで います。ぜんぶで なん人 およいで いますか。〔10てん〕

しき

こたえ

8 うさぎが こやの 中に 5ひき，こやの そとに 42ひき います。うさぎは あわせて なんびき いますか。〔10てん〕

しき

こたえ

9 はがきが 3まい あります。きょう おとうさんが 65まい かって きました。はがきは ぜんぶで なんまいに なりましたか。〔10てん〕

しき

こたえ

10 バスに おきゃくさんが 5人 のって います。ていりゅうじょで 32人 のって きました。おきゃくさんは ぜんぶで なん人に なりましたか。〔10てん〕

しき

こたえ

4 たしざんと ひきざん④

1 子どもが 25人, おとなが 10人 います。子どもと おとなの 人ずうの ちがいは なん人ですか。〔5てん〕

 しき 25−10=☐   こたえ ☐人

2 赤い おはじきが 20こ, 青い おはじきが 48こ あります。赤い おはじきと 青い おはじきの ちがいは なんこですか。〔10てん〕

しき

こたえ _____

3 ふうとうが 48まい あります。そのうち 30まいを つかいました。ふうとうは なんまい のこって いますか。〔10てん〕

しき

こたえ _____

4 すずめが 64わ います。そのうち 40ぱ とんで いきました。すずめは なんわ のこって いますか。〔10てん〕

しき

こたえ _____

5 うしが 75とう, うまが 70とう います。うしと うまの ちがいは なんとうですか。〔10てん〕

しき

こたえ _____

6 いろがみが 57まい あります。おとうとに 5まい あげました。いろがみは なんまい のこって いますか。〔10てん〕

しき 57－5＝

こたえ　　　　　　　　　　まい

7 こうえんに おとなが 7人，子どもが 19人 います。おとなと 子どもの 人ずうの ちがいは なん人ですか。〔5てん〕

しき

こたえ

8 ひかりさんの くみの 人ずうは 28人です。きょう かぜで 4人が 休みました。出て きた 人は なん人ですか。〔10てん〕

しき

こたえ

9 くじが ぜんぶで 35本 あります。そのうち あたりは 3本です。はずれは なん本ですか。〔10てん〕

しき

こたえ

10 どんぐりを かいとさんは 36こ，おとうとは 5こ ひろいました。2人が ひろった どんぐりの ちがいは なんこですか。〔10てん〕

しき

こたえ

11 バスに おきゃくさんが 38人 のって いました。ていりゅうじょで 6人 おりました。バスに のって いる おきゃくさんは なん人に なりましたか。〔10てん〕

しき

こたえ

とくてん

てん

答え　別冊解答 2 ページ

1 赤い　花が　12本，白い　花が　14本　あります。花は あわせて　なん本　ありますか。〔5てん〕

しき 12＋14＝□

こたえ　□本

2 じどう車が　14だい　とまって　います。11だい　きました。 じどう車は　ぜんぶで　なんだいに　なりましたか。〔5てん〕

しき 14＋11＝

こたえ　　　　　　　だい

3 いろがみが　25まい　あります。おねえさんから　12まい もらいました。いろがみは　ぜんぶで　なんまいに　なりました か。〔10てん〕

しき

こたえ

4 おとなが　23人，子どもが　15人　います。あわせて　なん 人　いますか。〔10てん〕

しき

こたえ

5 たまごが　32こ　あります。きょう　にわとりが　12こ　うみ ました。たまごは　ぜんぶで　なんこに　なりましたか。〔10てん〕

しき

こたえ

6 すずめが 21わ います。18わ やって きました。すずめ は ぜんぶで なんわに なりましたか。〔10てん〕

(しき)

こたえ _____

7 いけに 赤い 金ぎょが 25ひき，くろい 金ぎょが 22ひ き います。いけに 金ぎょは ぜんぶで なんびき います か。〔10てん〕

(しき)

こたえ _____

8 どんぐりを みつきさんは 32こ，しょうまさんは 26こ ひろいました。2人が ひろった どんぐりは あわせて なん こですか。〔10てん〕

(しき)

こたえ _____

9 みかんが 22こ あります。きょう 45こ かって きまし た。みかんは ぜんぶで なんこに なりましたか。〔10てん〕

(しき)

こたえ _____

10 青い おはじきが 54こ，きいろい おはじきが 23こ あります。おはじきは ぜんぶで なんこ ありますか。〔10てん〕

(しき)

こたえ _____

11 えんぴつは 35円，けしゴムは 43円です。だい金は あわ せて なん円ですか。〔10てん〕

(しき)

こたえ _____

6 たしざんと ひきざん ⑥

1 りんごが 16こ あります。きょう 5こ もらいました。りんごは ぜんぶで なんこに なりましたか。〔5てん〕

しき 16＋5＝□

けいさんは ひっさんで しましょう。
```
  16
＋  5
□□
```

こたえ □ こ

2 はとが 18わ います。7わ とんで きました。はとは ぜんぶで なんわに なりましたか。〔5てん〕

しき 18＋7＝

こたえ ＿＿＿＿＿＿ わ

3 たまごが 23こ あります。きょう にわとりが 8こ うみました。たまごは ぜんぶで なんこに なりましたか。〔10てん〕

しき

こたえ ＿＿＿＿＿＿

4 あひるが いけの 中に 16わ，いけの そとに 7わ います。あひるは みんなで なんわ いますか。〔10てん〕

しき

こたえ ＿＿＿＿＿＿

5 バスに おきゃくさんが 28人 のって います。ていりゅうじょで 5人 のって きました。おきゃくさんは なん人に なりましたか。〔10てん〕

しき

こたえ ＿＿＿＿＿＿

6 　ももかさんは いろがみを ９まい もって います。おねえ
さんから 15まい もらいました。ももかさんの いろがみは
ぜんぶで なんまいに なりましたか。〔10てん〕

　　　　　　　　　　　　　こたえ ＿＿＿＿＿＿＿＿

7 　赤い 花が 24本, 白い 花が 18本 あります。花は
あわせて なん本 ありますか。〔10てん〕

　　　　　　　　　　　　　こたえ ＿＿＿＿＿＿＿＿

8 　こうえんで １年生が 35人, ２年生が 29人 あそんで
います。あわせて なん人 あそんで いますか。

　　　　　　　　　　　　　　　　　　〔10てん〕

　　　　　　　　　　　　　こたえ ＿＿＿＿＿＿＿＿

9 　青い いろがみが 27まい, 赤い いろがみが 33まい あ
ります。いろがみは あわせて なんまい ありますか。〔10てん〕

　　　　　　　　　　　　　こたえ ＿＿＿＿＿＿＿＿

10 　なしが 大きな はこに 36こ, 小さな はこに 18こ
入って います。なしは あわせて なんこ ありますか。

　　　　　　　　　　　　　　　　　　〔10てん〕

（しき）

　　　　　　　　　　　　　こたえ ＿＿＿＿＿＿＿＿

11 　みかんが 44こ あります。きょう 27こ かって きまし
た。みかんは ぜんぶで なんこに なりましたか。〔10てん〕

（しき）

　　　　　　　　　　　　　こたえ ＿＿＿＿＿＿＿＿

たしざんと ひきざん⑦

答え 別冊解答 2・3 ページ

1 赤い いろがみが 63まい, 青い いろがみが 52まい あります。いろがみは あわせて なんまい ありますか。
〔5てん〕

 しき $63+52=\boxed{}$　こたえ $\boxed{}$ まい

2 校ていに 1年生が 72人, 2年生が 54人 ならんで います。あわせて なん人 いますか。〔5てん〕

 しき 72＋54＝

こたえ _____ 人

3 みかんが 81こ あります。きょう 45こ もらいました。 みかんは ぜんぶで なんこに なりましたか。〔10てん〕

 しき

こたえ _____

4 青い ふうせんが 64, 白い ふうせんが 83 あります。 ふうせんは あわせて いくつ ありますか。〔10てん〕

しき

こたえ _____

5 赤い 花が 62本, 白い 花が 45本 あります。花は あ わせて なん本 ありますか。〔10てん〕

しき

こたえ _____

6 ひなたさんは　おはじきを　93こ　もって　います。おねえさんから　8こ　もらいました。ひなたさんの　おはじきは　なんこに　なりましたか。〔10てん〕

しき

こたえ

7 いちごが　96こ　あります。きょう　9こ　もらいました。いちごは　ぜんぶで　なんこに　なりましたか。〔10てん〕

しき

こたえ

8 どんぐりを　たくみさんは　85こ，おとうとは　15こ　ひろいました。2人が　ひろった　どんぐりは　あわせて　なんこですか。〔10てん〕

しき

こたえ

9 えんぴつは　54円，ノートは　67円です。だい金は　あわせて　なん円ですか。〔10てん〕

しき

こたえ

10 みかんが　大きな　はこに　86こ，小さな　はこに　36こ　入って　います。みかんは　ぜんぶで　なんこ　ありますか。

〔10てん〕

しき

こたえ

11 ふねに　おとなが　63人，子どもが　58人　のって　います。ふねに　のって　いる　人は　ぜんぶで　なん人ですか。〔10てん〕

しき

こたえ

答え ▶ 別冊解答 3 ページ

とくてん

てん

1 みかんが 26こ あります。きょう 14こ たべました。
みかんは なんこ のこって いますか。〔5てん〕

しき **26−14=**☐

 けいさんは ひっさんで しましょう。
$$\begin{array}{r} 2\,6 \\ -\,1\,4 \\ \hline \square\square \end{array}$$

こたえ ☐ こ

2 みかんが 29こ, りんごが 11こ あります。みかんと
りんごの かずの ちがいは なんこですか。〔5てん〕

しき 29−11=

こたえ

3 はとが 25わ, すずめが 36わ います。はとと すずめの
かずの ちがいは なんわですか。〔10てん〕

しき

こたえ

4 はとが 38わ えさを たべて います。そのうち 14わが
とんで いきました。はとは なんわ のこって いますか。

〔10てん〕

しき

こたえ

5 子どもが 36人, おとなが 23人 います。子どもは おと
なより なん人 おおいでしょうか。〔10てん〕

しき

こたえ

6 いちごが 39こ あります。きょう 14こ たべました。いちごは なんこ のこって いますか。〔10てん〕

しき

<u>こたえ</u>

7 おはじきを さくらさんは 48こ，いもうとは 16こ もって います。2人の おはじきの かずの ちがいは なんこですか。〔10てん〕

しき

<u>こたえ</u>

8 ゆうきさんは 65円 もって います。45円の おかしを かうと，なん円 のこりますか。〔10てん〕

しき

<u>こたえ</u>

9 いろがみが 57まい あります。いもうとに 15まい あげました。いろがみは なんまい のこって いますか。〔10てん〕

しき

<u>こたえ</u>

10 ノートは 85円，えんぴつは 43円です。ノートと えんぴつの ねだんの ちがいは なん円ですか。〔10てん〕

しき

<u>こたえ</u>

11 どんぐりを そうたさんは 74こ，おとうとは 32こ ひろいました。そうたさんは おとうとより なんこ おおく ひろったでしょうか。〔10てん〕

しき

<u>こたえ</u>

たしざんと ひきざん⑨

答え → 別冊解答 3 ページ

1 こうえんで 子どもが 23人 あそんで います。そのうち 8人が かえりました。こうえんで あそんで いる 子どもは なん人に なりましたか。〔5てん〕

しき 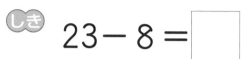 23－8 ＝ □　　こたえ □人

2 いろがみが 24まい あります。きょう 6まい つかいました。いろがみは なんまい のこって いますか。〔5てん〕

しき  24－6 ＝

こたえ　　　　　　　まい

3 バスに おきゃくさんが 23人 のって いました。ていりゅうじょで 7人 おりました。おきゃくさんは なん人に なりましたか。〔10てん〕

しき

こたえ

4 こうえんで はとが 42わ えさを たべて います。そのうち 7わが とんで いきました。はとは なんわ のこって いますか。〔10てん〕

しき

こたえ

5 赤い いろがみが 35まい, 青い いろがみが 17まい あります。赤い いろがみと 青い いろがみの かずの ちがいは なんまいですか。〔10てん〕

しき

こたえ

6 おとなが 26人, 子どもが 34人 います。おとなと 子どもの 人ずうの ちがいは なん人ですか。〔10てん〕

しき

<u>こたえ</u>

7 おかしが 50こ あります。きょう ともだちと 27こ たべました。おかしは なんこ のこって いますか。〔10てん〕

しき

<u>こたえ</u>

8 みかんが 38こ, りんごが 19こ あります。みかんと りんごの かずの ちがいは なんこですか。〔10てん〕

しき

<u>こたえ</u>

9 ゆいさんは お金を 80円 もって います。きょう 45円の シールを かいました。お金は なん円 のこって いますか。

〔10てん〕

しき

<u>こたえ</u>

10 ノートは 95円, けしゴムは 37円です。ノートは けしゴムより なん円 たかいでしょうか。〔10てん〕

しき

<u>こたえ</u>

11 おはじきを みおさんは 35こ, だいちさんは 42こ もって います。もって いる おはじきは どちらが なんこ おおいでしょうか。〔10てん〕

しき

<u>こたえ</u>

10 たしざんと ひきざん⑩

答え 別冊解答 3 ページ

1 赤い いろがみが 300まい，青い いろがみが 200まい あります。あわせて なんまいですか。〔10てん〕

しき 300＋200＝ □ こたえ □ まい

2 そうたさんは 500円 もって います。おかあさんから 200円 もらいました。ぜんぶで いくらですか。〔10てん〕

しき 500＋200＝

こたえ 　　　　　円

3 がようしが 100まい あります。きょう，400まい かいました。がようしは ぜんぶで なんまいですか。〔10てん〕

しき

こたえ

4 きょう，400円の え本と 300円の どうわの 本を かいました。あわせて なん円に なりますか。〔10てん〕

しき

こたえ

5 山口先生は シールを 600まい もって います。きょう，中山先生から 300まい もらいました。ぜんぶで なんまいですか。〔10てん〕

しき

こたえ

6 赤い いろがみが 200まい, 青い いろがみが 400まい あります。ちがいは なんまいですか。〔10てん〕

しき 400-200= ☐   こたえ ☐ まい

7 あおいさんは 900円 もって います。きょう, 300円の 本を かいました。なん円 のこって いますか。〔10てん〕

しき 900-300=

こたえ   円

8 校ていの 石ひろいを しました。1くみは 100こ, 2くみ は 300こ ひろいました。2くみは 1くみより なんこ お おく ひろいましたか。〔10てん〕

しき

こたえ

9 ふねで じどうしゃを はこびます。さいしょに, 700だい のせて いました。つぎの みなとで 400だい おろしました。 ふねに のこって いるのは なんだいですか。〔10てん〕

しき

こたえ

10 ぼくじょうに うしと うまが あわせて 200とう います。 そのうち, うしは 100とうです。うまは なんとう いますか。
〔10てん〕

しき

こたえ

たしざんと ひきざん⑪

1 ふうせんが 120 あります。あとから 25 もらいました。ぜんぶで ふうせんは いくつに なりましたか。〔10てん〕

しき　120＋25＝□　　こたえ □

2 ちゅうしゃじょうに 車が 231だい とまって います。そこへ 13だい 入って きました。車は なんだいに なりましたか。〔10てん〕

しき 231＋13＝

こたえ　　　　　だい

3 校ていで 子どもたちが 245人 あそんで います。そこへ 33人 きました。校ていで あそんで いる 子どもたちは ぜんぶで なん人ですか。〔10てん〕

しき

こたえ

4 どんぐりを えいださんは 87こ，おにいさんは 102こ ひろいました。2人が ひろった どんぐりは あわせて なんこですか。〔10てん〕

しき

こたえ

5 ふでばこは 450円，えんぴつは 35円です。だい金は あわせて なん円ですか。〔10てん〕

しき

こたえ

6 えんそくで みかんがりに いきました。子どもたちは 210こ 先生がたは 75こ とりました。みかんは あわせて なんこに なりますか。〔10てん〕

しき

こたえ

7 かのんさんは 615円 もって います。きょう，おかあさん から 50円 もらいました。ぜんぶで いくらに なりましたか。

〔10てん〕

しき

こたえ

8 ふねに 子どもが 133人，おとなが 52人 のって いま す。ふねに のって いる 人は ぜんぶで なん人ですか。

〔10てん〕

しき

こたえ

9 ゆうなさんは おはじきを 122こ もって います。きょう， おねえさんから 65こ もらいました。おはじきは ぜんぶで なんこに なりましたか。〔10てん〕

しき

こたえ

10 赤い いろがみが 221まい，青い いろがみが 78まい あります。いろがみは あわせて なんまいですか。〔10てん〕

しき

こたえ

たしざんと ひきざん⑫

1 がようしが 145まい あります。きょう 32まい つかいました。がようしは なんまい のこって いますか。〔10てん〕

しき 145−32=□   こたえ □まい

2 いろがみが 156まい，がようしが 45まい あります。いろがみと がようしの かずの ちがいは なんまいですか。

〔10てん〕

しき 156−45=

こたえ _____ まい

3 ふねに 297人 のって います。そのうち おとなは 75人です。子どもは なん人 のって いますか。〔10てん〕

しき

こたえ _____

4 そうたさんは シールを 352まい もって います。おとうとに 52まい あげました。そうたさんの シールは なんまいに なりましたか。〔10てん〕

しき

こたえ _____

5 しおりさんは 185円 もって います。きょう 62円の えんぴつを かいました。お金は なん円 のこって いますか。〔10てん〕

しき

こたえ _____

6 うまが 136とう, うしが 90とう います。うまは うし より なんとう おおいでしょうか。〔10てん〕

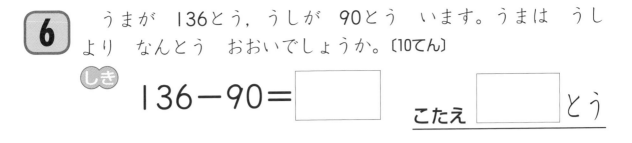

しき 136－90＝ [　　　]　　こたえ [　　　] とう

7 あいりさんは 85円, おねえさんは 125円 もって います。あいりさんの もって いる お金は, おねえさんより なん円 すくないでしょうか。〔10てん〕

しき 125－85＝　　　　　　こたえ _____ 円

8 2クラスある 2年生の 人ずうは 128人です。そのうち 1くみは 62人です。2くみは なん人 いますか。〔10てん〕

しき

こたえ _____

9 いちごが 139こ あります。きょう となりの いえに 55こ あげました。いちごは なんこ のこって いますか。

〔10てん〕

しき

こたえ _____

10 ぼくじょうに うしと うまが あわせて 148とう います。 そのうち うしは 73とうです。うまは なんとう いますか。

〔10てん〕

しき

こたえ _____

1 はるとさんは どんぐりを 123こ ひろいました。おとうと に 45こ あげました。はるとさんの どんぐりは なんこに なりましたか。〔10てん〕

しき $123 - 45 =$ 　　　　　　　こたえ 　　　こ

2 いろはさんは 140円, いもうとは 75円 もって います。 いろはさんは いもうとより お金を なん円 おおく もっ て いるでしょうか。〔10てん〕

しき 140−75＝

こたえ 　　　　　円

3 ひつじが 132ひき, やぎが 74ひき います。ひつじと やぎの かずの ちがいは なんびきですか。〔10てん〕

しき

こたえ 　　　　　

4 あさひさんは お金を 170円 もって います。きょう 85円の いろえんぴつを かいました。お金は なん円 のこっ て いますか。〔10てん〕

しき

こたえ 　　　　　

5 えいがを 見て いる 人が 165人 います。そのうち 子どもは 78人です。おとなは なん人 いますか。〔10てん〕

しき

こたえ

6 ふねに おとなが 97人, 子どもが 115人 のって います。おとなは 子どもより なん人 すくないでしょうか。〔10てん〕

こたえ _____

7 ぶんぼうぐやさんに えんぴつが 123本 あります。きょう そのうち 25本 うれました。えんぴつは なん本 のこって いますか。〔10てん〕

こたえ _____

8 つむぎさんは おはじきを 104こ もって います。そのうち いもうとに 25こ あげました。つむぎさんの おはじきは なんこに なりましたか。〔10てん〕

こたえ _____

9 いろがみが 100まい あります。きょう 8まい つかいました。いろがみは なんまい のこって いますか。〔10てん〕

 100－8＝

こたえ _____ まい

10 2年生の 人ずうは 105人です。きょう かぜで 7人 休みました。出て きた 2年生は なん人ですか。〔10てん〕

しき

こたえ _____

14 たしざんと ひきざん⑭

答え 別冊解答4ページ

1 バスに おきゃくさんが 27人 のって います。ていりゅうじょで 5人 のって きました。おきゃくさんは なん人に なりましたか。〔8てん〕

しき

こたえ _____

2 バスに おきゃくさんが 35人 のって います。ていりゅうじょで 6人 おりました。おきゃくさんは なん人に なりましたか。 〔8てん〕

しき

こたえ _____

3 こうえんで 1年生が 26人，2年生が 14人 あそんで います。1年生は 2年生より なん人 おおいでしょうか。

〔8てん〕

しき

こたえ _____

4 こうえんに 子どもが 23人，おとなが 17人 います。ぜんぶで なん人 いますか。〔8てん〕

しき

こたえ _____

5 ゆづきさんは いろがみを 135まい もって います。おねえさんから 16まい もらいました。ゆづきさんの いろがみは なんまいに なりましたか。〔8てん〕

しき

こたえ _____

6 あかりさんは いろがみを 142まい もって います。いもうとに 15まい あげました。あかりさんの いろがみは なんまいに なりましたか。〔10てん〕

（しき）

こたえ _____

7 はたけに 赤い 花が 61本, 白い 花が 138本 さいて います。花は あわせて なん本 さいて いますか。〔10てん〕

（しき）

こたえ _____

8 ぼくじょうに うしが 37とう, うまが 156とう います。うしは うまより なんとう すくないでしょうか。〔10てん〕

（しき）

こたえ _____

9 2クラスある 2年生の 人ずうは 127人です。そのうち 1くみは 58人です。2くみは なん人 いますか。〔10てん〕

（しき）

こたえ _____

10 りょうまさんは 95円の ノートと 47円の えんぴつを かいました。なん円 はらえば よいでしょうか。〔10てん〕

（しき）

こたえ _____

11 みかんが 106こ あります。きょう 18こ たべました。みかんは なんこ のこって いますか。〔10てん〕

（しき）

こたえ _____

15 たしざんと ひきざん⑮

とくてん

てん

答え▶ 別冊解答 5 ページ

1 りんさんは おねえさんから おはじきを 3こ もらった
ので, ぜんぶで 8こに なりました。りんさんは はじめに
おはじきを なんこ もって いましたか。〔10てん〕

はじめ □こ　　　　　3こ もらった

ぜんぶで 8こ

しき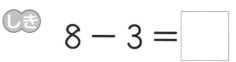

$8 - 3 =$ ☐　　　こたえ ☐ こ

2 たいせいさんは いちごを 5こ つんだので, ぜんぶで
12こに なりました。はじめに いちごは なんこ ありまし
たか。〔10てん〕

しき  $12 - 5 =$

こたえ

3 バスに おきゃくさんが 14人 のって きたので, ぜんぶ
で 35人に なりました。バスには はじめに おきゃくさん
は なん人 のって いましたか。〔10てん〕

しき

こたえ

4 あんなさんは おかあさんから いろがみを 25まい
もらったので, ぜんぶで 47まいに なりました。あんなさん
は はじめに いろがみを なんまい もって いましたか。

〔10てん〕

しき

こたえ

5 きょう にわとりが たまごを 16こ うんだので, ぜんぶ で 40こに なりました。はじめに たまごは なんこ あり ましたか。〔10てん〕

しき

こたえ _____

6 どうぶつえんに 子どもが 19人 やって きたので, 子ど もは ぜんぶで 81人に なりました。はじめに 子どもは どうぶつえんに なん人 いましたか。〔10てん〕

しき

こたえ _____

7 こはるさんは, きょう つるを 28わ おったので, ぜんぶ で 42わに なりました。はじめに つるは なんわ おって ありましたか。〔10てん〕

しき

こたえ _____

8 りくさんは おかあさんから 80円 もらったので, もって いる お金が ぜんぶで 165円に なりました。りくさんは はじめに なん円 もって いましたか。〔15てん〕

しき

こたえ _____

9 そうまさんは どんぐりを 48こ ひろったので, ぜんぶで 126こに なりました。 はじめに そうまさんは どんぐりを なんこ もって いましたか。〔15てん〕

しき

こたえ _____

1 バスに 6人 のって いました。なん人か のって きたので, ぜんぶで 10人に なりました。のって きた 人は なん人ですか。〔10てん〕

のって きた
□人

はじめ 6人

ぜんぶで 10人

しき 10 − 6 = □

こたえ □ 人

2 りんごが 14こ あります。きょう なんこか かって きたので, ぜんぶで 22こに なりました。きょう なんこ かって きましたか。〔10てん〕

しき 22 − 14 =

こたえ

3 いちごが 27こ あります。きょう なんこか つんで きたので, ぜんぶで 56こに なりました。きょう なんこ つんで きましたか。〔10てん〕

しき

こたえ

4 こうえんで 子どもが 14人 あそんで います。そこへ なん人か きたので, ぜんぶで 33人に なりました。あとから きた 子どもは なん人ですか。〔10てん〕

しき

こたえ

5 いちかさんは おはじきを 38こ もって います。おねえさんから なんこか もらったので，ぜんぶで 52こに なりました。もらった おはじきは なんこですか。〔10てん〕

しき

こたえ _____

6 ひまりさんは きのうまでに つるを 66わ おりました。きょう また なんわか おったので，ぜんぶで 85わに なりました。きょう おった つるは なんわですか。〔10てん〕

しき

こたえ _____

7 たまごが 36こ あります。きょう にわとりが なんこか うんだので，ぜんぶで 153こに なりました。きょう うんだ たまごは なんこですか。〔10てん〕

しき

こたえ _____

8 ひろとさんは 55円 もって いました。きょう おかあさんから なん円か もらったので，ぜんぶで 184円に なりました。おかあさんから もらった お金は なん円ですか。

〔15てん〕

しき

こたえ _____

9 ゆうせいさんは どんぐりを 98こ もって いました。きょう なんこか ひろったので，ぜんぶで 163こに なりました。きょう ひろった どんぐりは なんこですか。〔15てん〕

しき

こたえ _____

17 たしざんと ひきざん ⑰

とくてん

てん

答え ▶ 別冊解答 5 ページ

1 りおさんは おはじきを いもうとに 2こ あげたら, のこりが 6こに なりました。りおさんは はじめに おはじきを なんこ もって いましたか。〔10てん〕

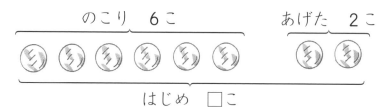

のこり 6こ　　あげた 2こ

はじめ □こ

しき $6 + 2 =$ □　　　こたえ □ こ

2 みかんを 4こ たべたら, のこりが 18こに なりました。みかんは はじめに なんこ ありましたか。〔10てん〕

しき 18 + 4 =

こたえ

3 がようしを 26まい くばったら, のこりが 34まいに なりました。がようしは はじめに なんまい ありましたか。〔10てん〕

しき

こたえ

4 木に なって いる かきを 39こ とりました。かきは まだ 68こ なって います。はじめに かきは なんこ なって いましたか。〔10てん〕

しき

こたえ

5 あやとさんは どんぐりを おとうとに 27こ あげたら, のこりが 86こに なりました。あやとさんは はじめに どんぐりを なんこ もって いましたか。〔10てん〕

しき

こたえ _____

6 バスから おきゃくさんが 19人 おりました。まだ バスに 25人 のって います。おきゃくさんは はじめに なん人 のって いましたか。〔10てん〕

しき

こたえ _____

7 こうえんで あそんで いた 子どもが 16人 かえりました。まだ こうえんに 18人 います。子どもは はじめに なん人 いましたか。〔10てん〕

しき

こたえ _____

8 かんなさんは おやつを かうのに 65円 つかいました。まだ 128円 のこって います。かんなさんは はじめに なん円 もって いましたか。〔15てん〕

しき

こたえ _____

9 さくらさんは いろがみを 17まい つかいました。まだ 135まい のこって います。はじめに いろがみは なんまい ありましたか。〔15てん〕

しき

こたえ _____

18 たしざんと ひきざん⑱

1 はとが 9わ いました。そのうち なんわか とんで いったので, のこりが 5わに なりました。とんで いった はとは なんわですか。〔10てん〕

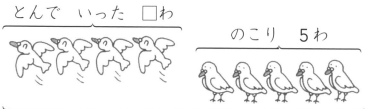

とんで いった □わ

のこり 5わ

はじめ 9わ

しき 9 − 5 = ☐   こたえ ☐ わ

2 みかんが 13こ ありました。そのうち なんこか たべたので, のこりが 6こに なりました。たべた みかんは なんこですか。〔10てん〕

しき 13 − 6 =   こたえ

3 こうえんで 32人の 子どもが あそんで いました。そのうち なん人かが かえり, 19人に なりました。かえった 子どもは なん人ですか。〔10てん〕

しき   こたえ

4 バスに おきゃくさんが 25人 のって いました。ていりゅうじょで なん人かが おりたので, おきゃくさんは 18人に なりました。おりた おきゃくさんは なん人ですか。〔10てん〕

しき   こたえ

5 はなさんの くみは 35人です。きょう かぜで なん人か 休んだので，出て きた 人は 27人でした。かぜで 休んだ 人は なん人ですか。〔10てん〕

しき

こたえ _____

6 いけで あひるが 34わ あそんで います。そのうち なんわかが いけから 出て いきました。いけには いま 16わ のこって います。いけから 出た あひるは なんわですか。

〔10てん〕

しき

こたえ _____

7 みつきさんは いろがみを 126まい もって いました。そのうち なんまいかを いもうとに あげたので，のこりが 95まいに なりました。あげた いろがみは なんまいですか。

〔10てん〕

しき

こたえ _____

8 じどう車が 128だい とまって いました。なんだいか 出て いったので，じどう車は 89だいに なりました。出て いった じどう車は なんだいですか。〔15てん〕

しき

こたえ _____

9 えいとさんは 290円 もって いました なん円か つかったので，もって いる お金が 65円に なりました。えいとさんは なん円 つかいましたか。〔15てん〕

しき

こたえ _____

1 でん車に おきゃくさんが 27人 のって います。つぎの えきで 51人 のって きました。おきゃくさんは なん人に なりましたか。〔10てん〕

しき

こたえ

2 みゆさんは いろがみを 58まい もって います。いもうとに 35まい あげました。みゆさんの いろがみは なんまいに なりましたか。〔10てん〕

しき

こたえ

3 2クラスある 2年生は みんなで 97人です。そのうち 1くみは 48人です。2くみは なん人 いますか。〔10てん〕

しき

こたえ

4 みかんがりに いきました。1くみは 88こ, 2くみは 116こ とりました。1くみは 2くみより なんこ すくない でしょうか。〔10てん〕

しき

こたえ

5 りくとさんは ノートを かうのに 88円 つかいました。まだ 305円 のこって います。りくとさんは はじめに なん円 もって いましたか。〔10てん〕

しき

こたえ

6 きょう，おかあさんから　300円，おとうさんから　200円
もらいました。あわせて　なん円に　なりますか。〔10てん〕

こたえ _____

7 みなとさんは　195円　もって　いました。なん円か　つかっ
たので，もって　いる　お金が　85円に　なりました。みなと
さんは　なん円　つかいましたか。〔10てん〕

こたえ _____

8 がようしを　68まい　くばったら　のこりが　83まいに
なりました。がようしは　はじめに　なんまい　ありましたか。

〔10てん〕

こたえ _____

9 きょう，みんなで　つるを　86わ　おったので，ぜんぶで
135わに　なりました。はじめに　つるは　なんわ　おって　あ
りましたか。〔10てん〕

こたえ _____

10 みかんが　53こ，りんごが　26こ　あります。みかんと
りんごでは　どちらが　なんこ　おおいでしょうか。〔10てん〕

こたえ _____

1 みかんが 6こ あります。りんごは, みかんより 2こ すくないそうです。りんごは なんこ ありますか。〔10てん〕

しき 6－2＝□　　　こたえ □こ

2 子どもが 35人 います。おとなは, 子どもより 4人 すくないそうです。おとなは なん人 いますか。〔10てん〕

しき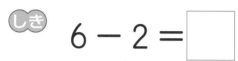

こたえ

3 なしが 53こ あります。ももは, なしより 18こ すくないそうです。ももは なんこ ありますか。〔10てん〕

しき

こたえ

4 ねこが 45ひき います。犬は, ねこより 16ぴき すくないそうです。犬は なんびき いますか。〔10てん〕

しき

こたえ

5 金ぎょが 120ぴき います。めだかは, 金ぎょより 40ぴき すくないそうです。めだかは なんびき いますか。〔10てん〕

しき

こたえ

6 　赤い　いろがみが　27まい　あります。青い　いろがみは，赤い　いろがみより　15まい　すくないそうです。青い　いろがみは　なんまい　ありますか。〔10てん〕

しき

こたえ

7 　りんごは　85円です。みかんは，りんごより　35円　やすいそうです。みかんは　なん円ですか。〔10てん〕

しき

こたえ

8 　白い　ふうせんが　140　あります。赤い　ふうせんは，白い　ふうせんより　14　すくないそうです。赤い　ふうせんは　いくつ　ありますか。〔10てん〕

しき

こたえ

9 　さらさんは　シールを　32まい　もって　います。いもうとは，さらさんより　15まい　すくないそうです。いもうとは　シールを　なんまい　もって　いますか。〔10てん〕

しき

こたえ

10 　いけに　赤い　金ぎょが　145ひき　います。くろい　金ぎょは，赤い　金ぎょより　28ひき　すくないそうです。くろい　金ぎょは　なんびき　いますか。〔10てん〕

しき

こたえ

たしざんと ひきざん㉑

1 みかんが 7こ あります。みかんは, りんごより 2こ おおいそうです。りんごは なんこ ありますか。〔10てん〕

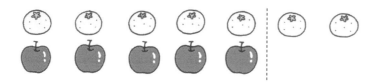

しき $7 - 2 = \boxed{}$ 　　こたえ $\boxed{}$ こ

2 子どもが 11人 います。子どもは, おとなより 3人 おおいそうです。おとなは なん人 いますか。〔10てん〕

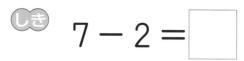 しき　11 − 3 = 　　　　こたえ　　　　　人

3 ももが 12こ あります。ももは, なしより 2こ おおい そうです。なしは なんこ ありますか。〔10てん〕

 しき

こたえ

4 ねこが 44ひき います。ねこは, 犬より 15ひき おおい そうです。犬は なんびき いますか。〔10てん〕

 しき

こたえ

5 せみが 120ぴき います。せみは, かぶとむしより 46ぴ き おおいそうです。かぶとむしは なんびき いますか。

〔10てん〕

 しき

こたえ

6 くろい くつ下は 350円です。くろい くつ下は 白い くつ下より 40円 たかいそうです。白い くつ下は なん円 ですか。〔10てん〕

しき

こたえ

7 青い いろがみが 134まい あります。青い いろがみは, きいろい いろがみより 52まい おおいそうです。きいろい いろがみは なんまい ありますか。〔10てん〕

しき

こたえ

8 れんさんは どんぐりを 35こ ひろいました。れんさんは, おとうとより 18こ おおく ひろいました。おとうとは どんぐりを なんこ ひろいましたか。〔10てん〕

しき

こたえ

9 カーネーションの 花たばは 498円です。カーネーションの 花たばは チューリップの 花たばより 65円 たかいそうで す。チューリップの 花たばは なん円ですか。〔10てん〕

しき

こたえ

10 あおいさんは おはじきを 155こ もって います。あおい さんは ももかさんより 66こ おおく もって います。も もかさんは おはじきを なんこ もって いますか。〔10てん〕

しき

こたえ

1 おとなが 7人 います。子どもは, おとなより 2人 おおいそうです。子どもは なん人 いますか。〔10てん〕

しき 7＋2＝□　　　こたえ □人

2 てんとうむしが 18ひき います。ちょうは, てんとうむしより 4ひき おおいそうです。ちょうは なんびき いますか。〔10てん〕

しき 18＋4＝　　　こたえ 　　　ひき

3 ねこが 14ひき います。犬は, ねこより 27ひき おおいそうです。犬は なんびき いますか。〔10てん〕

しき

こたえ

4 なしが 17こ あります。みかんは, なしより 15こ おおいそうです。みかんは なんこ ありますか。〔10てん〕

しき

こたえ

5 りんごが 59こ あります。みかんは, りんごより 12こ おおいそうです。みかんは なんこ ありますか。〔10てん〕

しき

こたえ

6 きのう にわとりが たまごを 26こ うみました。きょう うんだ たまごの かずは，きのうより 14こ おおいそうです。きょう うんだ たまごは なんこですか。〔10てん〕

こたえ _____

7 けしゴムは 48円です。えんぴつは，けしゴムより 15円 たかいそうです。えんぴつは，なん円ですか。〔10てん〕

こたえ _____

8 ゆうなさんは おはじきを 67こ もって います。おねえさんは，ゆうなさんより 56こ おおく もって います。おねえさんは，おはじきを なんこ もって いますか。〔10てん〕

こたえ _____

9 赤い 花が 123本 さいて います。白い 花は 赤い 花より 14本 おおく さいて います。白い 花は なん本 さいて いますか。〔10てん〕

しき

こたえ _____

10 いつきさんは なわとびで 148かい とびました。たくみさんの とんだ かいすうは，いつきさんの とんだ かいすうより 27かい おおいそうです。たくみさんが とんだ かいすうは なんかいですか。〔10てん〕

しき

こたえ _____

1 おとなが 6人 います。おとなは, 子どもより 3人 すくないそうです。子どもは なん人 いますか。〔8てん〕

しき 6 + 3 = ☐　　こたえ ☐ 人

2 てんとうむしが 28ひき います。てんとうむしは, ちょうより 4ひき すくないそうです。ちょうは なんびき いますか。〔8てん〕

しき 28 + 4 =　　こたえ　　ひき

3 ねこが 15ひき います。ねこは, 犬より 18ひき すくないそうです。犬は なんびき いますか。〔12てん〕

しき

こたえ

4 りんごが 148こ あります。りんごは, みかんより 27こ すくないそうです。みかんは なんこ ありますか。〔12てん〕

しき

こたえ

5 ノートは 125円です。ノートは, 下じきより 25円 やすいそうです。下じきは なん円ですか。〔12てん〕

しき

こたえ

6 　赤い　いろがみが　48まい　あります。赤い　いろがみは，青い　いろがみより　25まい　すくないそうです。青い　いろがみは　なんまい　ありますか。〔12てん〕

しき

こたえ _____

7 　ゆうまさんは　お金を　527円　もって　いて，おにいさんの　もって　いる　お金より　35円　すくないそうです。おにいさんは　なん円　もって　いますか。〔12てん〕

しき

こたえ _____

8 　ひかりさんは　おはじきを　238こ　もって　いて，おねえさんの　もって　いる　おはじきより　46こ　すくないそうです。おねえさんは　おはじきを　なんこ　もって　いますか。〔12てん〕

しき

こたえ _____

9 　ひなたさんは　なわとびで　144かい　とびました。ひなたさんの　とんだ　かいすうは，だいちさんの　とんだ　かいすうより　48かい　すくないそうです。だいちさんが　とんだ　かいすうは　なんかいですか。〔12てん〕

しき

こたえ _____

ひとやすみ

◆しきを　つくる
　右の　2つの　しきの　5つの
□に，1から　5までの　かずを
1かいずつ　入れて，ただしい
しきを　つくりましょう。

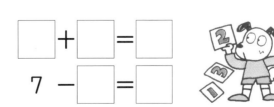

□ ＋ □ ＝ □

7 － □ ＝ □

（こたえは　べっさつの　23ページ）

答え 別冊解答 7ページ

1 いけに 赤い 金ぎょが 33びき,くろい 金ぎょが 18ひき います。いけに 金ぎょは ぜんぶで なんびき いますか。

〔10てん〕

こたえ _____

2 どんぐりを しおりさんは 76こ,いちかさんは 84こ ひろいました。いちかさんは しおりさんより なんこ おおく ひろいましたか。〔10てん〕

しき

こたえ _____

3 赤い いろがみが 132まい あります。青い いろがみは 赤い いろがみより 60まい すくないそうです。青い いろがみは なんまい ありますか。〔10てん〕

しき

こたえ _____

4 2年生は みんなで 125人です。きょう,かぜで なん人か 休んだので,出て きた 人は 98人でした。かぜで 休んだ 人は なん人ですか。〔10てん〕

しき

こたえ _____

5 がようしを 38まい くばったら,のこりが 134まいに なりました。がようしは はじめに なんまい ありましたか。

〔10てん〕

こたえ _____

6 ノートは 85円, ペンは 175円です。ペンは ノートより なん円 たかいでしょうか。〔10てん〕

こたえ _____

7 みかんが 137こ あります。みかんは りんごより 48こ おおいそうです。りんごは なんこ ありますか。〔10てん〕

こたえ _____

8 チョコレートは 180円で, ガムより 95円 たかいそうです。ガムは なん円ですか。〔10てん〕

こたえ _____

9 ゆづきさんは おはじきを いもうとに 16こ あげたら のこりが 255こに なりました。ゆづきさんは はじめに おはじきを なんこ もって いましたか。〔10てん〕

こたえ _____

10 ひがし小学校には てい学年が 422人 います。こう学年は てい学年より 39人 おおいそうです。こう学年は なん人 いますか。〔10てん〕

こたえ _____

25 3つの かずの けいさん①

答え▶別冊解答 7ページ

1 どんぐりを ゆうきさんは 5こ，あおとさんは 7こ，りおさんは 6こ ひろいました。ひろった どんぐりは あわせて なんこですか。〔8てん〕

しき 5＋7＋6＝ ☐

けいさんは
ひっさんで
しましょう。

$$\begin{array}{r} 5 \\ 7 \\ +6 \\ \hline \square\square \end{array}$$

こたえ ☐ こ

2 おはじきを，いろはさんは 12こ，つむぎさんは 8こ，ひなたさんは 17こ もって います。3人の おはじきを あわせると なんこに なりますか。〔8てん〕

しき 12＋8＋17＝

こたえ _____

3 赤い 花が 12本，きいろい 花が 15本，白い 花が 11本 さいて います。花は あわせて なん本 さいて いますか。〔12てん〕

しき

こたえ _____

4 さくさんの 学校の 2年生は，3くみ あります。1くみは 31人，2くみは 34人，3くみは 29人です。2年生は ぜんぶで なん人ですか。〔12てん〕

しき

こたえ _____

5 赤, 白, 青の いろがみが あります。赤は 37まい, 白は 35まい, 青は 39まいです。いろがみは ぜんぶで なんまい ありますか。〔12てん〕

こたえ

6 115わの はとが えさを たべて います。はじめに 12わ やって きました。つぎに 16わ やって きました。 はとは ぜんぶで なんわに なりましたか。〔12てん〕

こたえ

7 たまごが 大きな はこに 35こ, 小さな はこに 84こ 入って います。きょう にわとりが たまごを 48こ うみ ました。たまごは ぜんぶで なんこに なりましたか。〔12てん〕

こたえ

8 85円の ガムと, 48円の あめと, 58円の チョコレートを かいます。ぜんぶで なん円に なりますか。〔12てん〕

こたえ

9 かんなさんの 町には こうえんが 3つ あります。きの う, 大山こうえんには 37人, 中山こうえんには 48人, 小山 こうえんには 36人の 子どもが あそびに きたそうです。 きのう 3つの こうえんで あそんだ 子どもは あわせて なん人ですか。〔12てん〕

しき

こたえ

26 3つの かずの けいさん②

1 みかんが 10こ ありました。きのう 4こ, きょう 3こ
たべました。みかんは なんこ のこって いますか。〔8てん〕

しき 10 − 4 − 3 = ☐

たべた かずを
じゅんに ひきます。

こたえ ☐ こ

2 はとが 20ぱ えさを たべて いました。はじめに 4わ
とんで いきました。つぎに 5わ とんで いきました。はと
は なんわに なりましたか。〔8てん〕

しき 20 − 4 − 5 =

こたえ　　　　　　わ

3 100円で, 35円の けしゴムと 45円の えんぴつを かい
ました。おつりは なん円ですか。〔10てん〕

しき

こたえ

4 おかねを 150円 もって います。75円の ガムと 15円
の あめを かうと, のこりは なん円ですか。〔10てん〕

しき

こたえ

5 いちごが 40こ ありました。きのう 18こ, きょう 17こ
たべました。いちごは なんこ のこって いますか。〔10てん〕

しき

こたえ

6 みかんが 20こ ありました。きのう 6こ, きょう 4こ
たべました。みかんは なんこ のこって いますか。

〔1もん 8てん〕

① きのうと きょう たべた かずを じゅんに ひきます。

しき $20-6-4=$ □　　　こたえ □ こ

② きのうと きょう たべた かずを まとめて ひきます。

しき $20-(6+4)=$ □　　　こたえ □ こ

7 100円で, 30円の ガムと 40円の あめを かいました。
おつりは なん円ですか。〔1もん 9てん〕

① ガムと あめの ねだんを じゅんに ひきます。

しき $100-30-40=$

こたえ 　　　　円

② ガムと あめの ねだんを まとめて ひきます。

しき $100-(30+40)=$

こたえ 　　　　円

8 テープが 180cm ありました。きのう 55cm, きょう
35cm つかいました。テープは なんcm のこって いますか。

〔1もん 10てん〕

① きのうと きょう つかった ながさを じゅんに ひきます。

しき

こたえ 　　　　

② きのうと きょう つかった ながさを まとめて ひきます。

しき

こたえ

27 3つの かずの けいさん③

とくてん

てん

答え▶別冊解答 8ページ

1 たまごが 20こ ありました。きのう 7こ, きょう 3こ たべました。たまごは なんこ のこって いますか。〔10てん〕

しき 20－（7＋3）= ⬜

( )を つかって しきを つくりましょう。

こたえ ⬜ こ

2 100円で, 30円の けしゴムと 50円の えんぴつを かいました。おつりは なん円ですか。〔10てん〕

しき 100－（30＋50）= 　　　　　　　　　　　　円

こたえ

3 みかんが 130こ ありました。山田さんに 40こ, 田中さんに 30こ あげました。みかんは なんこ のこって いますか。〔10てん〕

しき

こたえ

4 はとが 65わ えさを たべて いました。はじめに 17わ, つぎに 18わ とんで いきました。はとは なんわに なりましたか。〔10てん〕

しき

こたえ

5 100円で, 45円の いろがみと 35円の がようしを かいました。おつりは なん円ですか。〔10てん〕

しき

こたえ

6 でん車に おきゃくさんが 148人 のって いました。はじめの えきで 56人が おり，つぎの えきで 38人が おりました。でん車の おきゃくさんは なん人に なりましたか。

〔10てん〕

こたえ _____

7 みかんが 145こ ありました。山下さんに 22こ，中山さんに 38こ あげました。みかんは なんこ のこって いますか。〔10てん〕

こたえ _____

8 おみせに チョコレートが 150こ ありました。きのう 47こ，きょう 36こ うれました。チョコレートは なんこ のこって いますか。〔10てん〕

こたえ _____

9 100円で，35円の ガムと 45円の あめを かいました。おつりは なん円ですか。〔10てん〕

こたえ _____

10 はがきが 105まい ありました。きのう 48まい つかい，きょう 47まい つかいました。はがきは なんまい のこって いますか。〔10てん〕

こたえ _____

1 こうえんで 子どもが 5人 あそんで いました。そこへ 3人 やって きました。そのあと 2人 かえりました。あそんで いる 子どもは なん人に なりましたか。〔10てん〕

やって くる　　　　かえる

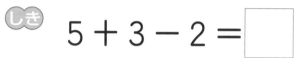

しき 5 ＋ 3 － 2 ＝ ☐　　こたえ ☐ 人

2 あいりさんは おはじきを 18こ もって いました。おねえさんから 4こ もらいましたが，あとで いもうとに 6こ あげました。おはじきは なんこに なりましたか。〔10てん〕

しき 18 ＋ 4 － 6 ＝　　こたえ　　　こ

3 じどう車が 62だい とまって いました。そこへ 18だい 入って きました。そのあと 34だい 出て いきました。とまって いる じどう車は なんだいに なりましたか。〔12てん〕

しき

こたえ

4 でん車に おきゃくさんが 87人 のって いました。はじめの えきで 45人 のって きましたが，つぎの えきで 56人 おりました。のって いる おきゃくさんは なん人に なりましたか。〔12てん〕

しき

こたえ

5 あめが 6こ ありました。4こ たべましたが, あとで おねえさんから 2こ もらいました。あめは なんこに なりましたか。〔10てん〕

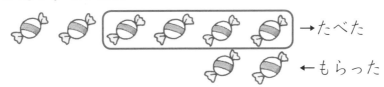

→たべた
←もらった

(しき) $6 - 4 + 2 = \boxed{}$　　こたえ $\boxed{}$ こ

6 いろがみを 10まい もって いました。7まい つかいましたが, あとで おかあさんから 15まい もらいました。いろがみは なんまいに なりましたか。〔10てん〕

(しき) $10 - 7 + 15 =$　　こたえ まい

7 レストランに たまごが 125こ ありました。おひるに 80こ つかいましたが, ゆうがた 87こ かって きました。たまごは なんこに なりましたか。〔12てん〕

(しき)

こたえ

8 こうえんで はとが 34わ えさを たべて いました。15わ とんで いきましたが, 29わ とんで きました。はとは なんわに なりましたか。〔12てん〕

(しき)

こたえ

9 さきさんは 120円 もって いました。95円の ノートをかいましたが, あとで, おかあさんから 80円 もらいました。もって いる お金は なん円に なりましたか。〔12てん〕

(しき)

こたえ

とくてん

てん

答え ▶ 別冊解答 8・9 ページ

1 りんごが 82こ あります。みかんは, りんごより 35こ おおいそうです。みかんは なんこ ありますか。〔8てん〕

(しき)　　　　　　　　　　　　こたえ

2 赤い 花が 169本 あります。赤い 花は, 白い 花より 87本 おおいそうです。白い 花は なん本 ありますか。〔8てん〕

(しき)　　　　　　　　　　　　こたえ

3 2年生は 167人 います。2年生は, 1年生より 26人 すくないそうです。1年生は なん人 いますか。

〔8てん〕

(しき)

こたえ

4 いけで あひるが 125わ あそんで いました。そのうち 19わが いけの そとへ 出て いきました。いけで あそんで いる あひるは なんわに なりましたか。〔8てん〕

(しき)　　　　　　　　　　　　こたえ

5 ボールを 28こ もらったので, ぜんぶで 57こに なりました。はじめに ボールは なんこ ありましたか。〔8てん〕

(しき)　　　　　　　　　　　　こたえ

6 こうさくようしを 65まい つかったら, のこりが 37まい に なりました。こうさくようしは はじめに なんまい ありましたか。〔8てん〕

(しき)　　　　　　　　　　　　こたえ

7 いけに 水を 入れるのに バケツで 150ぱい はこびます。これまでに 60ぱい はこびました。あと なんばい はこべば よいでしょうか。〔8てん〕

しき こたえ _____

8 でん車に 98人 のって いました。なん人か のって きたので, ぜんぶで 134人に なりました。のって きた 人は なん人ですか。〔8てん〕

しき こたえ _____

9 はとが 86わ いました。そのうち なんわか とんで いったので, のこりが 19わに なりました。とんで いった はとは なんわですか。〔8てん〕

しき こたえ _____

10 2年生で, 花だんに チューリップの きゅうこんを 72こと ヒヤシンスの きゅうこんを 79こと, フリージアの きゅうこんを 40こ うえました。きゅうこんを あわせて なんこ うえましたか。〔9てん〕

しき こたえ _____

11 100円で 45円の ガムと 35円の あめを かいました。おつりは なん円ですか。〔9てん〕

しき こたえ _____

12 でん車に おきゃくさんが 125人 のって いました。はじめの えきで 38人 おりましたが, つぎの えきで 65人 のって きました。のって いる おきゃくさんは なん人に なりましたか。〔10てん〕

しき こたえ _____

1 ながさ 3mの テープと 2mの テープが あります。あわせると ながさは なんmに なりますか。〔5てん〕

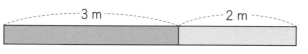

しき 3m＋2m＝ □ m　　こたえ □ m

2 ながさ 6mの ロープと 4mの ロープが あります。あわせると ながさは なんmに なりますか。〔10てん〕

しき 6m＋4m＝

こたえ

3 ながさ 7mの ひもと 5mの ひもが あります。あわせると ながさは なんmに なりますか。〔10てん〕

しき

こたえ

4 ながさ 9mの ロープと 5mの ロープが あります。あわせると ながさは なんmに なりますか。〔10てん〕

しき

こたえ

5 ながさ 12mの わかざりと 10mの わかざりが あります。あわせると ながさは なんmに なりますか。〔10てん〕

しき

こたえ

6 ながさ 12cmの テープと 6cmの テープが あります。
あわせると ながさは なんcmに なりますか〔5てん〕

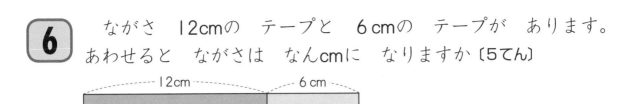

しき   12cm＋6cm=□cm   こたえ □cm

7 ながさ 15cmの リボンと 14cmの リボンが あります。
あわせると ながさは なんcmに なりますか。〔10てん〕

しき   15cm＋14cm=   こたえ _____ cm

8 ながさ 14cmの テープと 8cmの テープが あります。
あわせると ながさは なんcmに なりますか。〔10てん〕

しき

こたえ _____

9 ながさ 16cmの リボンと 17cmの リボンが あります。
あわせると ながさは なんcmに なりますか。〔10てん〕

しき

こたえ _____

10 ながさ 24cmの ひもと 16cmの ひもが あります。
あわせると ながさは なんcmに なりますか。〔10てん〕

しき

こたえ _____

11 ながさ 35cmの はり金と 28cmの はり金が あります。
あわせると ながさは なんcmに なりますか。〔10てん〕

しき

こたえ _____

31 ながさの たしざんと ひきざん ②

とくてん

てん

答え▶ 別冊解答 9 ページ

1 ながさ 3 m40cmの ロープと 2 m30cmの ロープが あります。あわせると ながさは なんmなんcmに なりますか。〔8てん〕

┈ 3 m40cm ┈   ┈ 2 m30cm ┈

しき 3 m40cm＋2 m30cm

= ☐ m ☐ cm   こたえ ☐ m ☐ cm

2 ながさ 3 m20cmの なわと 4 m60cmの なわが あります。あわせると ながさは なんmなんcmに なりますか。

〔12てん〕

しき 3 m20cm＋4 m60cm

=   m   cm

こたえ

3 ながさ 5 m35cmの ロープと 4 m20cmの ロープが あります。あわせると ながさは なんmなんcmに なりますか。〔12てん〕

しき

こたえ

4 1本の なわを 3 m15cmと 3 m45cmの 2本に きりました。なわは はじめに なんmなんcm ありましたか。〔12てん〕

しき

こたえ

5 ながさ　2m10cmの　ひもと　50cmの　ひもが　あります。
あわせると　ながさは　なんmなんcmに　なりますか。〔8てん〕

 2m10cm＋50cm＝2m◻cm

こたえ _____ m _____ cm

6 こはるさんは　きのう　け糸で　ひもを　1m15cm　あみま
した。きょうは　60cm　あみました。あわせて　なんmなんcm
あみましたか。〔12てん〕

こたえ _____

7 ながさ　2m5cmの　はり金と　85cmの　はり金が　ありま
す。あわせると　ながさは　なんmなんcmに　なりますか。

〔12てん〕

こたえ _____

8 かいとさんの　しんちょうは　1m30cmです。おにいさんは,
かいとさんより　6cm　たかいそうです。おにいさんの　しん
ちょうは　なんmなんcmですか。〔12てん〕

こたえ _____

9 青い　ロープの　ながさは　4m50cmです。白い　ロープは,
青い　ロープより　18cm　ながいそうです。白い　ロープの
ながさは　なんmなんcmですか。〔12てん〕

こたえ _____

ながさの たしざんと ひきざん③

1 ながさ 1m30cmの テープと 1mの テープが ありま
す。あわせると ながさは なんmなんcmに なりますか。

〔10てん〕

しき 1m30cm＋1m＝ □ m30cm

こたえ　　　　m　　　cm

2 ながさ 3m50cmの ロープと 2mの ロープが ありま
す。あわせると ながさは なんmなんcmに なりますか。

しき

〔10てん〕

こたえ

3 ながさ 2m75cmの はり金と 3mの はり金が ありま
す。あわせると ながさは なんmなんcmに なりますか。

しき

〔10てん〕

こたえ

4 1本の なわを 2mと 3m15cmの 2本に きりました。
なわは はじめに なんmなんcm ありましたか。〔10てん〕

しき

こたえ

5 めいさんは きのう け糸で ひもを 2m あみました。
きょうは 1m85cm あみました。あわせて なんmなんcm
あみましたか。〔10てん〕

しき

こたえ

6 ながさ 1mの ロープと 60cmの ロープが あります。あわせると ながさは なんmなんcmに なりますか。〔10てん〕

 しき 1m＋60cm＝□m60cm

こたえ ＿＿＿＿ m ＿＿＿ cm

7 ながさ 2mの はり金と 80cmの はり金が あります。あわせると ながさは なんmなんcmに なりますか。〔10てん〕

しき

こたえ ＿＿＿＿＿＿＿＿＿＿

8 1本の ロープを 1mと 95cmの 2本に きりました。ロープは はじめに なんmなんcm ありましたか。〔10てん〕

 しき

こたえ ＿＿＿＿＿＿＿＿＿＿

9 ゆあさんは きのうまでに け糸で ひもを 3m あみました。きょうは 75cm あみました。ぜんぶで なんmなんcm あみましたか。〔10てん〕

しき

こたえ ＿＿＿＿＿＿＿＿＿＿

10 白い ロープの ながさは 5mです。青い ロープは,白い ロープより 48cm ながいそうです。青い ロープの ながさは なんmなんcmですか。〔10てん〕

しき

こたえ ＿＿＿＿＿＿＿＿＿＿

1 □に　あてはまる　かずを　かきましょう。　〔1もん　5てん〕

① 100cm= [ ] m

② 120cm= [ ] m [ ] cm

③ 105cm= [ ] m [ ] cm

④ 115cm= [ ] m [ ] cm

⑤ 150cm= [ ] m [ ] cm

⑥ 185cm= [ ] m [ ] cm

⑦ 200cm= [ ] m

⑧ 230cm= [ ] m [ ] cm

⑨ 245cm= [ ] m [ ] cm

⑩ 264cm= [ ] m [ ] cm

⑪ 300cm= [ ] m

⑫ 320cm= [ ] m [ ] cm

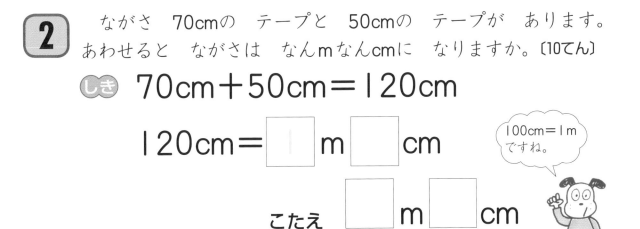

2 ながさ 70cmの テープと 50cmの テープが あります。あわせると ながさは なんmなんcmに なりますか。〔10てん〕

しき 70cm＋50cm＝120cm

120cm＝ ☐ m ☐ cm

（100cm＝1mですね。）

こたえ ☐ m ☐ cm

3 ながさ 60cmの ひもと 80cmの ひもが あります。あわせると ながさは なんmなんcmに なりますか。〔10てん〕

しき 60cm＋80cm＝

こたえ _____ m _____ cm

4 1本の ロープを 70cmと 65cmの 2本に きりました。ロープは はじめに なんmなんcm ありましたか。〔10てん〕

しき

こたえ _____

5 みなとさんの おとうとの しんちょうは 95cmです。みなとさんは, おとうとより 15cm たかいそうです。みなとさんの しんちょうは なんmなんcmですか。〔10てん〕

しき

こたえ _____

ながさの たしざんと ひきざん⑤

1 ながさ 1m50cmの ひもと 80cmの ひもが あります。あわせると なんmなんcmに なりますか。〔8てん〕

しき **1m50cm＋80cm**

= [2] m [ ] cm

> 50cm＋80cmは 130cmと なります。130cmは 1m30cm ですね。

こたえ [ ] m [ ] cm

2 1本の ロープを 1m60cmと 90cmの 2本に きりました。もとの ロープの ながさは なんmなんcm ありましたか。〔10てん〕

しき 1m60cm＋90cm＝

こたえ

3 青い ロープの 長さは 2m80cmです。白い ロープの ながさは, 青い ロープより 30cm ながいそうです。白い ロープの ながさは なんmなんcmですか。〔12てん〕

しき

こたえ

4 こうさくで, はり金を 3m45cm つかったら, のこりが 60cmに なりました。はじめに はり金は なんmなんcm ありましたか。〔12てん〕

しき

こたえ

5 ながさ 1m70cmの ロープと 1m40cmの ロープが あります。あわせると ながさは なんmなんcmに なりますか。〔10てん〕

しき 1m70cm＋1m40cm

＝

こたえ _____

6 1本の ひもを 2m50cmと 2m80cmの 2本に きりました。もとの ひもの ながさは なんmなんcmですか。

〔12てん〕

しき

こたえ _____

7 白い テープの ながさは 2m60cmです。赤い テープは, 白い テープより 1m40cm ながいそうです。赤い テープの ながさは なんmですか。〔12てん〕

しき

こたえ _____

8 えいたさんの しんちょうは 1m35cmです。えいたさんが 1m80cmの たかさの いわの 上に 立つと, ぜんたいの たかさは なんmなんcmに なりますか。〔12てん〕

しき

こたえ _____

9 こうさくで, はり金を 1m40cm つかったら, のこりが 3m65cmに なりました。はじめに はり金は なんmなんcm ありましたか。〔12てん〕

しき

こたえ _____

35

ながさの たしざんと ひきざん⑥

1 ながさ 5cm4mmの テープと 3cm2mmの テープが あります。あわせると ながさは なんcmなんmmに なりますか。〔8てん〕

5 cm 4 mm   3 cm 2 mm

しき 5cm4mm + 3cm2mm

= □ cm □ mm

こたえ □ cm □ mm

2 あつさ 1cm4mmの 本と 1cm3mmの 本を かさねると, ぜんたいの あつさは なんcmなんmmに なりますか。

〔10てん〕

しき 1cm4mm + 1cm3mm

こたえ

3 ながさ 6cm5mmの テープと 7cm3mmの テープが あります。あわせると ながさは なんcmなんmmに なりますか。〔12てん〕

しき

こたえ

4 ながさ 12cm5mmの まっすぐな せんを かきました。さらに, 3cm4mm まっすぐに のばすと, せんの ながさは なんcmなんmmに なりますか。〔12てん〕

しき

こたえ

5 はじめに 8cm2mmの まっすぐな せんを かき,あとから 5mm まっすぐに のばしました。せんの ながさは なんcmなんmmに なりましたか。〔10てん〕

 8cm2mm＋5mm＝

<u>こたえ</u>　　　　　　　　　　cm　　　mm

6 あつさ 2cm1mmの 本と 7mmの 本を かさねます。ぜんたいの あつさは なんcmなんmmに なりますか。〔12てん〕

<u>こたえ</u>

7 え本の あつさは 1cm4mmです。どうわの 本は,え本より 5mm あついそうです。どうわの 本の あつさは なんcmなんmmですか。〔12てん〕

<u>こたえ</u>

8 赤い テープの ながさは 12cm3mmです。青い テープは,赤い テープより 4mm ながいそうです。青い テープの ながさは なんcmなんmmですか。〔12てん〕

<u>こたえ</u>

9 あさがおの つるの ながさは きのうは 16cm2mmでした。きょう はかると,6mm ながく なって いました。あさがおの つるの ながさは なんcmなんmmに なりましたか。

〔12てん〕

<u>こたえ</u>

36 ながさの たしざんと ひきざん ⑦

1 あつさ 2cm4mmの 本と 2cmの 本を かさねます。 ぜんたいの あつさは なんcmなんmmに なりますか。〔8てん〕

 2cm4mm＋2cm＝

こたえ ＿＿＿＿＿＿＿＿＿＿

2 ながさ 5cm5mmの テープと 4cmの テープが あります。あわせると ながさは なんcmなんmmに なりますか。

〔12てん〕

こたえ ＿＿＿＿＿＿＿＿＿＿

3 青い テープの ながさは 9cm8mmです。きいろい テープは，青い テープより 3cm ながいそうです。きいろい テープの ながさは なんcmなんmmですか。〔12てん〕

こたえ ＿＿＿＿＿＿＿＿＿＿

4 きのう あさがおの つるの ながさは 16cm4mm ありました。きょう はかると，3cm ながく なって いました。あさがおの つるの ながさは なんcmなんmmに なりましたか。〔12てん〕

しき

こたえ ＿＿＿＿＿＿＿＿＿＿

5 あつさ 1cmの 本と 8mmの 本を かさねると, ぜんたいの あつさは なんcmなんmmに なりますか。〔8てん〕

しき 1cm＋8mm＝

こたえ ＿＿＿＿＿＿＿＿＿＿＿＿

6 どうわの 本の あつさは 1cmです。ものがたりの 本は, どうわの 本より 4mm あついそうです。ものがたりの 本の あつさは なんcmなんmmですか。〔12てん〕

しき

こたえ ＿＿＿＿＿＿＿＿＿＿＿＿

7 赤い リボンの ながさは 12cmです。青い リボンは, 赤い リボンより 3mm ながいそうです。青い リボンの ながさは なんcmなんmmですか。〔12てん〕

しき

こたえ ＿＿＿＿＿＿＿＿＿＿＿＿

8 へちまの つるの ながさは きのうは 14cmでした。きょう はかると, 8mm ながく なって いました。へちまの つるの ながさは なんcmなんmmに なりましたか。〔12てん〕

しき

こたえ ＿＿＿＿＿＿＿＿＿＿＿＿

9 はじめに 18cmの まっすぐな せんを かき, あとから 7mm まっすぐに のばしました。せんの ながさは なんcmなんmmに なりましたか。〔12てん〕

しき

こたえ ＿＿＿＿＿＿＿＿＿＿＿＿

1 □に あてはまる かずを かきましょう。〔1もん 4てん〕

① 10mm = □ cm

② 11mm = □ cm □ mm

③ 15mm = □ cm □ mm

④ 18mm = □ cm □ mm

⑤ 20mm = □ cm

⑥ 25mm = □ cm □ mm

2 あつさ 7mmの ノートと 5mmの ノートを かさねました。ぜんたいの あつさは なんcmなんmmに なりますか。

〔8てん〕

しき 7mm ＋ 5mm ＝ 12mm

12mm ＝ □ cm □ mm

こたえ □ cm □ mm

3 あつさ 6mmの 本と 9mmの 本を かさねると, ぜんたいの あつさは なんcmなんmmに なりますか。〔10てん〕

しき 6mm ＋ 9mm ＝

こたえ □ cm □ mm

4 え本の あつさは 8mmです。ものがたりの 本は え本より 4mm あついそうです。ものがたりの 本の あつさは なんcmなんmmですか。〔10てん〕

しき

こたえ

5 あつさ 1cm4mmの 本と 8mmの 本を かさねると, ぜんたいの あつさは なんcmなんmmに なりますか。〔8てん〕

しき 1cm 4mm＋8mm＝ [2] cm [ ] mm

こたえ [ ] cm [ ] mm

（10mm＝1cm ですね。）

6 どうわの 本の あつさは 1cm6mmです。ものがたりの 本は, どうわの 本より 5mm あついそうです。ものがたり の 本の あつさは なんcmなんmmですか。〔10てん〕

しき 1cm6mm＋5mm＝

こたえ

7 赤い テープの ながさは 6cm8mmです。きいろい テー プは, 赤い テープより 7mm ながいそうです。きいろい テープの ながさは なんcmなんmmですか。〔10てん〕

しき

こたえ

8 はじめに 5cm5mmの まっすぐな せんを かき, あとか ら 6mm まっすぐに のばしました。せんの ながさは な んcmなんmmに なりましたか。〔10てん〕

しき

こたえ

9 きのう へちまの つるの ながさは 15cm9mm ありま した。きょう はかると, 4mm ながく なって いました。 つるの ながさは なんcmなんmmに なりましたか。〔10てん〕

しき

こたえ

1　あつさ　2cm6mmの　本と　1cm5mmの　本を　かさねる
と，ぜんたいの　あつさは　なんcmなんmmに　なりますか。

〔8てん〕

しき　2cm6mm＋1cm5mm

＝ 4 cm ☐ mm

10mm＝1cm
ですね。

こたえ ☐ cm ☐ mm

2　ながさ　5cm8mmの　テープと　3cm4mmの　テープが
あります。あわせると　ながさは　なんcmなんmmに　なります
か。〔8てん〕

しき　5cm8mm＋3cm4mm＝

こたえ

3　はじめに　10cm5mmの　まっすぐな　せんを　かき，あと
から　3cm7mm　まっすぐに　のばしました。せんの　ながさ
は　なんcmなんmmに　なりましたか。〔12てん〕

しき

こたえ

4　青い　リボンの　ながさは　15cm8mmで，赤い　リボンは，
青い　リボンより　1cm4mm　ながいそうです。赤い　リボン
の　ながさは　なんcmなんmmですか。〔12てん〕

しき

こたえ

5 ながさ 6cm2mmの テープと 5cm4mmの テープが
あります。あわせると なんcmなんmmに なりますか。〔12てん〕

 しき

<u>こたえ</u>

6 あつさ 1cm6mmの 本と 2cm8mmの 本を かさねる
と, ぜんたいの あつさは なんcmなんmmに なりますか。

〔12てん〕

 しき

<u>こたえ</u>

7 赤い リボンの ながさは 10cm6mmです。青い リボン
は, 赤い リボンより 3cm ながいそうです。青い リボン
の ながさは なんcmなんmmですか。〔12てん〕

 しき

<u>こたえ</u>

8 ながさ 15cm5mmの まっすぐな せんを かきました。
さらに, 5mm まっすぐに のばすと, せんの ながさは な
んcmに なりますか。〔12てん〕

 しき

<u>こたえ</u>

9 きのう あさがおの つるの ながさは 20cm7mm あり
ました。きょう はかると, 4cm7mm ながく なって いま
した。つるの ながさは なんcmなんmmに なりましたか。

〔12てん〕

しき

<u>こたえ</u>

ながさの たしざんと ひきざん⑩

とくてん

てん

答え → 別冊解答 12 ページ

1 ながさ 5mの ロープと 3mの ロープが あります。ながさの ちがいは なんmですか。〔10てん〕

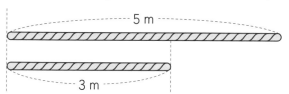

しき 5m − 3m = □ m こたえ □ m

2 ながさ 10mの なわと 6mの なわが あります。ながさの ちがいは なんmですか。〔10てん〕

しき 10m − 6m =

こたえ m

3 ながさ 12mの ロープと 5mの ロープが あります。ながさの ちがいは なんmですか。〔10てん〕

しき

こたえ

4 ながさ 18mの ひもが あります。4m きりとると, のこりは なんmに なりますか。〔10てん〕

しき

こたえ

5 ながさ 20mの ロープが あります。12m きりとると, のこりは なんmに なりますか。〔10てん〕

しき

こたえ

6 ながさ 8cmの テープと 5cmの テープが あります。ながさの ちがいは なんcmですか。〔10てん〕

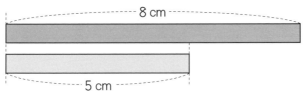

8cm

5cm

しき $8\,\text{cm} - 5\,\text{cm} = \boxed{}\ \text{cm}$　　こたえ $\boxed{}$ cm

7 ながさ 11cmの リボンと 7cmの リボンが あります。ながさの ちがいは なんcmですか。〔10てん〕

しき $11\,\text{cm} - 7\,\text{cm} =$

こたえ _____ cm

8 ながさ 16cmの えんぴつと 12cmの えんぴつが あります。ながさの ちがいは なんcmですか。〔10てん〕

しき

こたえ _____

9 赤い テープの ながさは 20cm, 青い テープの ながさは 14cmです。ながさの ちがいは なんcmですか。〔10てん〕

しき

こたえ _____

10 ながさ 24cmの リボンが あります。8cm きりとると, のこりは なんcmに なりますか。〔10てん〕

しき

こたえ _____

答え▶別冊解答12ページ

1 ながさ 3m50cmの ロープと 2m10cmの ロープが あります。ながさの ちがいは なんmなんcmですか。〔10てん〕

3m50cm

2m10cm

しき 3m50cm－2m10cm

= □ m □ cm

こたえ □ m □ cm

2 ながさ 2m80cmの テープが あります。1m30cm きりとると, のこりは なんmなんcmに なりますか。〔10てん〕

しき

こたえ _____

3 ながさ 2m50cmの なわが あります。20cm つかうと, のこりは なんmなんcmに なりますか。〔10てん〕

しき 2m50cm－20cm

= □ m □ cm

こたえ □ m □ cm

4 ながさ 25cmの ひもと 6m45cmの ひもが あります。ながさの ちがいは なんmなんcmですか。〔10てん〕

しき

こたえ _____

5 ながさ　4m70cmの　ロープと　3mの　ロープが　あります。ながさの　ちがいは　なんmなんcmですか。〔10てん〕

しき　4m70cm － 3m

＝ ☐ m ☐ cm　　　こたえ ☐ m ☐ cm

6 ながさ　4m25cmの　はり金が　あります。こうさくで　つかったので，のこりが　3mに　なりました。つかった　はり金は　なんmなんcmですか。〔10てん〕

しき

こたえ _____

7 ながさ　5m40cmの　はり金が　あります。2m10cm　きりとると，のこりは　なんmなんcmに　なりますか。〔10てん〕

しき

こたえ _____

8 赤い　ロープの　ながさは　2m50cmです。青い　ロープは，赤い　ロープより　15cm　みじかいそうです。青い　ロープの　ながさは　なんmなんcmですか。〔15てん〕

しき

こたえ _____

9 ながさ　10m50cmの　なわが　あります。2m　きりとると，のこりは　なんmなんcmに　なりますか。〔15てん〕

しき

こたえ _____

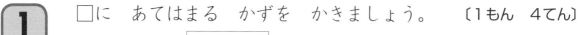

1　□に　あてはまる　かずを　かきましょう。　〔1もん　4てん〕

① 1 m ＝ | 100 | cm

② 1 m 10 cm ＝ [　　] cm

③ 1 m 5 cm ＝ [　　] cm

④ 1 m 25 cm ＝ [　　] cm

⑤ 1 m 50 cm ＝ [　　] cm

⑥ 1 m 75 cm ＝ [　　] cm

⑦ 2 m ＝ [　　] cm

⑧ 1 m 30 cm ＝ [　　] cm

⑨ 2 m 45 cm ＝ [　　] cm

⑩ 2 m 63 cm ＝ [　　] cm

⑪ 3 m ＝ [　　] cm

⑫ 3 m 50 cm ＝ [　　] cm

2 ながさ 1m20cmの テープと 80cmの テープが あります。ながさの ちがいは なんcmですか。〔8てん〕

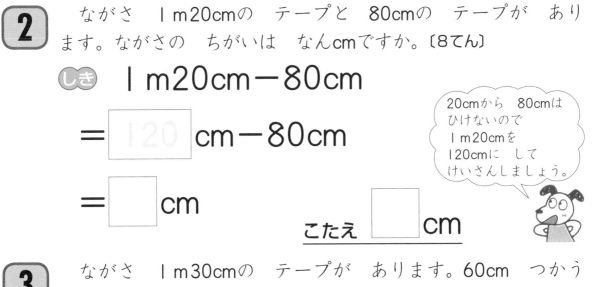

しき 1m20cm − 80cm

= 120 cm − 80cm

= ☐ cm

20cmから 80cmは ひけないので 1m20cmを 120cmに して けいさんしましょう。

こたえ ☐ cm

3 ながさ 1m30cmの テープが あります。60cm つかうと、のこりは なんcmですか。〔8てん〕

 1m30cm − 60cm =

こたえ _____ cm

4 ながさ 2m10cmの ひもと 70cmの ひもが あります。ながさの ちがいは なんmなんcmですか。〔12てん〕

しき

こたえ _____

5 赤い ロープの ながさは 2m40cmです。青い ロープは、赤い ロープより 50cm みじかいそうです。青い ロープの ながさは なんmなんcmですか。〔12てん〕

しき

こたえ _____

6 ながさ 4m25cmの はり金が あります。こうさくで 75cm つかいました。はり金は なんmなんcm のこって いますか。〔12てん〕

しき

こたえ _____

1 ながさ 2m10cmの テープが あります。1m50cm つかうと, のこりは なんcmに なりますか。〔10てん〕

しき 2m10cm － 1m50cm ＝ □ cm

こたえ □ cm

10cmから 50cmは
ひけないので, 2m10cm
を 1m110cmに して
けいさんしましょう。

2 ながさ 2m30cmの ひもと 1m80cmの ひもが あります。ながさの ちがいは なんcmですか。〔10てん〕

しき 2m30cm － 1m80cm ＝

こたえ _____ cm

3 ながさ 3m20cmの テープが あります。1m70cm つかうと, のこりは なんmなんcmに なりますか。〔10てん〕

しき

こたえ _____

4 ながさ 4m10cmの ロープと 2m30cmの ロープが あります。ながさの ちがいは なんmなんcmですか。〔10てん〕

しき

こたえ _____

5 ながさ 5m50cmの はり金が あります。1m90cm つかうと, のこりは なんmなんcmですか。〔10てん〕

しき

こたえ _____

6 ながさ 1mの テープと 60cmの テープが あります。
ながさの ちがいは なんcmですか。〔10てん〕

しき $1m - 60cm = \boxed{}cm$

こたえ $\boxed{}$ cm

7 ながさ 1mの はり金が あります。30cm つかうと,
のこりは なんcmですか。〔10てん〕

しき $1m - 30cm = cm$

こたえ _____

8 ながさ 2mの テープが あります。50cm つかうと,
のこりは なんmなんcmに なりますか。〔10てん〕

しき

> 2mを 1m100cm
> に して, けいさん
> しましょう。

こたえ _____

9 ながさ 3mの ひもが あります。こうさくで つかったの
で, のこりが 80cmに なりました。つかった ひもは なん
mなんcmですか。〔10てん〕

しき

こたえ _____

10 かのんさんが たかさ 65cmの だいの 上に 立つと, ぜ
んたいの たかさが 2mに なりました。かのんさんの しん
ちょうは なんmなんcmですか。〔10てん〕

しき

こたえ _____

1 ながさ 2mの ロープと 1m50cmの ロープが あります。ながさの ちがいは なんcmですか。〔10てん〕

しき 2m－1m50cm＝□cm

こたえ □cm

2 ながさ 3mの テープが あります。2m60cm きりとると のこりは なんcmに なりますか。〔10てん〕

しき 3m－2m60cm＝　　　　cm

こたえ

3 ながさ 3mの ひもと 1m40cmの ひもが あります。ながさの ちがいは なんmなんcmですか。〔10てん〕

しき

こたえ

4 ながさ 4mの はり金が あります。1m80cm つかうと のこりは なんmなんcmに なりますか。〔10てん〕

しき

こたえ

5 ながさ 6mの ロープが あります。おとうさんは, このロープから 2m15cmを きって つかいました。ロープは なんmなんcm のこって いますか。〔10てん〕

しき

こたえ

6 ながさ 1m40cmの テープが あります。あかりさんは, 80cm つかいました。テープは なんcm のこって いますか。
〔10てん〕

 しき

こたえ _____

7 ながさ 2m30cmの ロープと 1m50cmの ロープが あります。ながさの ちがいは なんcmですか。〔10てん〕

 しき

こたえ _____

8 青い ロープの ながさは 3m10cmです。白い ロープは, 青い ロープより 20cm みじかいそうです。白い ロープは なんmなんcmですか。〔10てん〕

 しき

こたえ _____

9 ながさ 4m20cmの はり金が あります。こうさくで 2m50cm つかいました。はり金は なんmなんcm のこって いますか。〔10てん〕

 しき

こたえ _____

10 はるとさんが たかさ 55cmの だいの 上に 立つと, ぜんたいの たかさが 2mに なりました。はるとさんの しんちょうは なんmなんcmですか。〔10てん〕

 しき

こたえ _____

44

ながさの
たしざんと　ひきざん⑮

1 　ながさ　8cm5mmの　リボンと　6cm2mmの　リボンが
あります。ながさの　ちがいは　なんcmなんmmですか。〔10てん〕

┈┈┈ 8cm5mm ┈┈┈

┈ 6cm2mm ┈

しき　8cm5mm − 6cm2mm

＝ ☐ cm ☐ mm　こたえ ☐ cm ☐ mm

2 　あつさ　2cm8mmの　本と　1cm6mmの　ノートが　あり
ます。あつさの　ちがいは　なんcmなんmmですか。〔10てん〕

しき　2cm8mm − 1cm6mm ＝ ☐ cm ☐ mm

こたえ

3 　あつさ　2cm4mmの　本と　1cm2mmの　本が　あります。
あつさの　ちがいは　なんcmなんmmですか。〔10てん〕

しき

こたえ

4 　ながさ　20cm8mmの　テープが　あります。5cm5mm
きりとると，のこりは　なんcmなんmmに　なりますか。〔10てん〕

しき

こたえ

5 ながさ 12cm5mmの はり金と 3mmの はり金が あります。ながさの ちがいは なんcmなんmmですか。〔10てん〕

しき 12cm5mm − 3mm =

こたえ _____

6 あさがおの つるの ながさを はかると，きのうより 7mm のびて，ぜんたいで 16cm8mm ありました。きのう の つるの ながさは なんcmなんmmでしたか。〔10てん〕

しき

こたえ _____

7 ながさ 6cm5mmの テープと 4mmの テープが あります。ながさの ちがいは なんcmなんmmですか。〔10てん〕

しき

こたえ _____

8 ながさ 12cm9mmの えんぴつが あります。5mm つかいました。えんぴつの ながさは なんcmなんmmに なりましたか。〔10てん〕

しき

こたえ _____

9 ながさ 15cm6mmの テープが あります。2mm つかうと，のこりは なんcmなんmmに なりますか。〔10てん〕

しき

こたえ _____

10 青い リボンの ながさは 20cm4mmです。きいろい リボンは，青い リボンより 3mm みじかいそうです。きいろい リボンの ながさは なんcmなんmmですか。〔10てん〕

しき

こたえ _____

45

ながさの たしざんと ひきざん⑯

1 □に あてはまる かずを かきましょう。〔1もん 4てん〕

① 1cm = [   ] mm

④ 1cm9mm = [   ] mm

② 1cm2mm = [   ] mm

⑤ 2cm = [   ] mm

③ 1cm6mm = [   ] mm

⑥ 2cm4mm = [   ] mm

2 あつさ 1cm2mmの 本と 7mmの ノートが あります。本と ノートの あつさの ちがいは なんmmですか。〔8てん〕

しき 1cm2mm － 7mm

= [12] mm － 7mm

= [   ] mm

こたえ [   ] mm

3 ずかんの あつさは 3cm4mmです。ものがたりの 本は,ずかんより 8mm うすいそうです。ものがたりの 本の あつさは なんcmなんmmですか。〔10てん〕

しき 3cm4mm － 8mm =

こたえ [   ] cm [   ] mm

4 赤い リボンの ながさは 9cm5mmです。青い リボンは,赤い リボンより 9mm みじかいそうです。青い リボンの ながさは なんcmなんmmですか。〔10てん〕

しき

こたえ

5 あつさ 2cm3mmの 本と 1cm5mmの 本が あります。あつさの ちがいは なんmmですか。〔8てん〕

3mmから 5mmは ひけないので, 2cm3mmを 1cm13mmと しましょう。

しき 2cm3mm − 1cm5mm

= □ mm

こたえ □ mm

6 ながさ 8cm4mmの テープと 7cm6mmの テープが あります。ながさの ちがいは なんmmですか。〔10てん〕

しき 8cm4mm − 7cm6mm =

□ mm

こたえ

7 あつさ 3cm2mmの 本が あります。アルバムは, 本より 1cm8mm うすいそうです。アルバムの あつさは なんcmなんmmですか。〔10てん〕

しき

こたえ

8 ながさ 10cm5mmの リボンと 7cm8mmの リボンが あります。ながさの ちがいは なんcmなんmmですか。〔10てん〕

しき

こたえ

9 赤い テープの ながさは 15cm3mmです。赤い テープは, 白い テープより 2cm7mm ながいそうです。白い テープの ながさは なんcmなんmmですか。〔10てん〕

しき

こたえ

1 あつさ 1cmの 本と 6mmの ノートが あります。あつさの ちがいは なんmmですか。〔10てん〕

 しき 1 cm － 6 mm ＝ ☐ mm

こたえ ☐ mm

2 あつさ 2cmの 本と 4mmの ノートが あります。本は, ノートより なんcmなんmm あついですか。〔10てん〕

しき 2 cm － 4 mm ＝

こたえ _____ cm _____ mm

3 ものがたりの 本の あつさは 3cmです。どうわの 本は, ものがたりの 本より 7mm うすいそうです。どうわの 本の あつさは なんcmなんmmですか。〔15てん〕

 しき

こたえ _____

4 はじめに まっすぐな せんを かき, あとから せんを 5mm まっすぐに のばしたら, せんの ながさは 10cmに なりました。はじめに かいた せんの ながさは なんcmなんmmでしたか。〔15てん〕

しき

こたえ _____

5 ものがたりの 本の あつさは 2cmです。え本の あつさは 1cm5mmです。ものがたりの 本は，え本より なんmm あついですか。〔10てん〕

 しき 2cm − 1cm5mm = ☐ mm

こたえ ☐ mm

6 ながさ 8cmの テープが あります。7cm2mm つかうと，のこりは なんmmですか。〔10てん〕

 しき 8cm − 7cm2mm =

こたえ ＿＿＿＿＿＿ mm

7 赤い テープの ながさは 10cm，青い テープの ながさは 8cm4mmです。赤い テープと 青い テープの ながさの ちがいは なんcmなんmmですか。〔15てん〕

しき

こたえ ＿＿＿＿＿＿

8 ながさ 12cm7mmの 赤い リボンと 15cmの 青い リボンが あります。どちらの リボンが なんcmなんmm ながいでしょうか。〔15てん〕

しき

こたえ ＿＿＿＿＿＿

ひとやすみ

◆まほうじん
　右の ひょうの たて，よこ，ななめの どの れつの かずを たしても おなじ かずに なるように，あいて いる とこ ろに あう かずを かきましょう。

7		5
	8	
11	4	

（こたえは べっさつの 23ページ）

47

かさ（たいせき）の たしざんと ひきざん①

とくてん

てん

答え▶ 別冊解答 14ページ

1 ジュースが びんに 2dL, かみパックに 6dL 入って います。あわせて なんdLですか。〔5てん〕

 2dL 6dL

しき $2dL + 6dL = \boxed{} dL$　　こたえ $\boxed{} dL$

2 ぎゅうにゅうが かみパックに 4dL, コップに 2dL 入って います。あわせて なんdLですか。〔10てん〕

しき $4dL + 2dL = dL$

こたえ _____

3 ジュースが びんに 3dL, かみパックに 4dL 入って います。あわせて なんdLですか。〔10てん〕

しき

こたえ _____

4 しょうゆが びんに 5dL, かみパックに 3dL 入って います。あわせて なんdLですか。〔10てん〕

しき

こたえ _____

5 やかんに 水が 6dL 入って います。あとから 水を 3dL 入れると, ぜんぶで なんdLに なりますか。〔10てん〕

しき

こたえ _____

6 とうゆが 大きい かんに 3L, 小さい かんに 2L 入って います。あわせて なんLですか。〔5てん〕

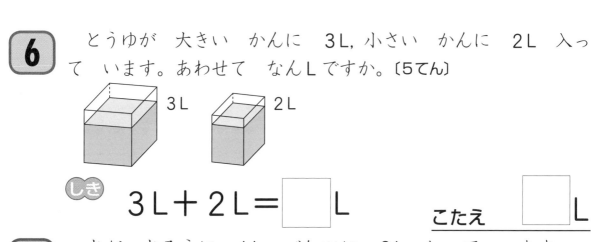

(しき) $3L + 2L = \boxed{} L$　　　こたえ $\boxed{} L$

7 水が 水そうに 4L, バケツに 3L 入って います。あわせて なんLですか。〔10てん〕

(しき) $4L + 3L =$ 　　　　　　　　　　L

こたえ _____

8 あぶらが びんに 1L, かんに 5L 入って います。あわせて なんLですか。〔10てん〕

(しき)

こたえ _____

9 かんに とうゆが 2L 入って います。あとから とうゆを 3L 入れると, ぜんぶで なんLに なりますか。〔10てん〕

(しき)

こたえ _____

10 水そうに 水が 5L 入って います。あとから 水を 2L 入れると, ぜんぶで なんLに なりますか。〔10てん〕

(しき)

こたえ _____

11 ぎゅうにゅうが 大きい いれものに 6L, 小さい いれものに 4L 入って います。あわせて なんLに なりますか。〔10てん〕

(しき)

こたえ _____

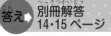
48 かさ(たいせき)の たしざんと ひきざん②

1 水が 大きい コップに 140mL, 小さい コップに 50mL 入って います。水は あわせて なんmL ありますか。〔10てん〕

 140mL 50mL

しき 140mL＋50mL＝ □ mL

こたえ □ mL

2 ぎゅうにゅうが 大きい かみパックに 550mL, 小さい かみパックに 40mL 入って います。ぎゅうにゅうは あわせて なんmL ありますか。〔10てん〕

しき 550mL＋40mL＝ mL

こたえ

3 水が 小さい コップに 75mL, 大きい コップに 210mL 入って います。水は あわせて なんmL ありますか。

〔15てん〕

 しき

こたえ

4 やかんに 水が 650mL 入って います。あとから 水を 30mL 入れました。やかんに 入って いる 水は なんmLに なりましたか。〔15てん〕

 しき

こたえ

5 しょうゆが かんに 1L5dL, びんに 1L2dL 入って います。しょうゆは あわせて なんLなんdL ありますか。

〔10てん〕

しき

$$1L5dL + 1L2dL = \boxed{} L \boxed{} dL$$

こたえ $\boxed{}$ L $\boxed{}$ dL

6 ぎゅうにゅうが 1L1dL あります。きょう, おかあさんが ぎゅうにゅうを 1L8dL かって きました。ぎゅうにゅうは ぜんぶで なんLなんdLに なりましたか。〔10てん〕

しき 1L1dL + 1L8dL =

こたえ _____ L ___ dL

7 あぶらが かんに 2L2dL, びんに 1L5dL 入って います。あぶらは ぜんぶで なんLなんdL ありますか。〔15てん〕

しき

こたえ _____

8 水そうに 水が 4L5dL 入って います。あとから バケツで 水を 2L3dL 入れました。水そうの 水は なんLなんdLに なりましたか。〔15てん〕

しき

こたえ _____

49 かさ(たいせき)の たしざんと ひきざん③

答え▶別冊解答 15ページ

1 あぶらが びんに 1L3dL, かんに 5dL 入って います。 あぶらは あわせて なんL なんdL ありますか。〔8てん〕

 1L3dL＋5dL＝

こたえ　　　　　　　　L　　dL

2 ジュースを きのう 1L3dL のみました。きょうは 6dL のみました。ジュースを あわせて なんL なんdL のみました か。〔12てん〕

こたえ

3 水が やかんに 2L4dL 入って います。コップには 2dL 入って います。水は あわせて なんL なんdL あり ますか。〔12てん〕

こたえ

4 ぎゅうにゅうが 4dL あります。きょう, おかあさんが ぎゅうにゅうを 1L5dL かって きました。ぎゅうにゅうは ぜんぶで なんL なんdLに なりましたか。〔12てん〕

こたえ

5 ジュースが かみパックに 1L3dL 入って います。びんには 2L 入って います。ジュースは あわせて なんLなんdL ありますか。〔8てん〕

 1L3dL＋2L＝

こたえ _____ L ___ dL

6 ぎゅうにゅうが 1L2dL あります。きょう, おかあさんが ぎゅうにゅうを 3L かって きました。ぎゅうにゅうは ぜんぶで なんLなんdLに なりましたか。〔12てん〕

こたえ _____

7 しょうゆが びんに 2L, かんに 1L6dL 入って います。しょうゆは あわせて なんLなんdL ありますか。〔12てん〕

しき

こたえ _____

8 水そうに 水を 5L 入れました。あとから 水を 3L8dL 入れました。水そうに 入れた 水は あわせて なんLなんdLですか。〔12てん〕

こたえ _____

9 じどう車に ガソリンが 5L 入って います。きょう, ガソリンを 25L4dL 入れました。じどう車に 入って いる ガソリンは ぜんぶで なんLなんdLに なりましたか。

〔12てん〕

しき

こたえ _____

1 しょうゆが 大きい びんに 1L, 小さい びんに 5dL 入って います。しょうゆは あわせて なんL なんdL あり ますか。〔8てん〕

しき 1L + 5dL =

こたえ ____ L ____ dL

2 ぎゅうにゅうが 大きい びんに 2L, 小さい びんに 8dL 入って います。ぎゅうにゅうは あわせて なんL な んdL ありますか。〔8てん〕

しき

こたえ ____

3 水そうに 水を 4L 入れました。あとから 水を 6dL 入れました。水そうに 入れた 水は あわせて なんL なん dLですか。〔8てん〕

しき

こたえ ____

4 ジュースが 4dL あります。きょう, おかあさんが ジュー スを 2L かって きました。ジュースは ぜんぶで なんL なんdLに なりましたか。〔8てん〕

しき

こたえ ____

5 とうゆが びんに 7dL, かんに 4L 入って います。 とうゆは あわせて なんL なんdL ありますか。〔8てん〕

しき

こたえ ____

6 ぎゅうにゅうが コップに 2dL, かみパックに 5dL 入っ
て います。あわせて なんdLですか。〔10てん〕

しき

こたえ _____

7 とうゆが 大きい かんに 4L, 小さい かんに 2L 入っ
て います。あわせて なんL ですか。〔10てん〕

しき

こたえ _____

8 ジュースが 大きい びんに 2L7dL, 小さい びんには
1L2dL 入って います。ジュースは あわせて なんLなん
dL ありますか。〔10てん〕

しき

こたえ _____

9 とうゆが 大きい かんに 3L5dL, 小さい かんに
1L4dL 入って います。とうゆは あわせて なんLなんdL
ありますか。〔10てん〕

しき

こたえ _____

10 ぎゅうにゅうを きのう 1L2dL のみました。きょうは
7dL のみました。ぎゅうにゅうを あわせて なんLなんdL
のみましたか。〔10てん〕

しき

こたえ _____

11 水が やかんに 2L 入って います。あとから 水を
1L5dL 入れました。やかんの 水は なんLなんdLに なり
ましたか。〔10てん〕

しき

こたえ _____

1 ジュースが 大きい びんに 7dL，小さい びんに 5dL あります。ジュースは あわせて なんL なんdL ありますか。

〔10てん〕

しき 7dL＋5dL＝12dL

12dL＝□L□dL

10dL＝1L
です。

こたえ □L□dL

2 あぶらが びんに 6dL，かんに 8dL 入って います。あぶらは あわせて なんL なんdL ありますか。〔10てん〕

しき 6dL＋8dL＝

こたえ _____

3 しょうゆを りょうりで 4dL つかいました。まだ，しょうゆは 7dL のこって います。しょうゆは はじめに なんL なんdL ありましたか。〔10てん〕

しき

こたえ _____

4 やかんに 水を 5dL 入れました。あとから 水を 9dL 入れました。やかんの 水は なんL なんdLに なりましたか。

〔10てん〕

しき

こたえ _____

5 しょうゆが 1本の びんに 1L2dL, もう 1本の びんに 8dL 入って います。しょうゆは あわせて なんL ありますか。〔10てん〕

しき $1L2dL + 8dL = \boxed{}L$

こたえ $\boxed{}L$

6 ジュースが びんに 1L7dL, コップに 3dL あります。ジュースは あわせて なんL ありますか。〔10てん〕

しき 1L7dL + 3dL =

こたえ _____ L

7 水そうに 水が 4L6dL 入って います。そこへ 水を 8dL 入れました。水そうの 水は なんLなんdLに なりましたか。〔10てん〕

しき

こたえ _____

8 ぎゅうにゅうを きのう 8dL, きょう 1L3dL のみました。ぎゅうにゅうを あわせて なんLなんdL のみましたか。〔15てん〕

しき

こたえ _____

9 あぶらが 3dL あります。きょう, あぶらを 3L8dL かって きました。あぶらは ぜんぶで なんLなんdLに なりましたか。〔15てん〕

しき

こたえ _____

かさ(たいせき)の たしざんと ひきざん⑥

答え➡別冊解答 15・16ページ

1 あぶらが かんに 1L8dL，びんに 1L4dL 入って います。あぶらは あわせて なんL なんdL ありますか。〔10てん〕

 　1L8dL＋1L4dL＝ ☐ L ☐ dL

こたえ ☐ L ☐ dL

2 ぎゅうにゅうが 1L5dL あります。きょう，おかあさんが ぎゅうにゅうを 1L8dL かって きました。ぎゅうにゅうは ぜんぶで なんL なんdLに なりましたか。〔10てん〕

 しき

こたえ

3 しょうゆを りょうりで 1L4dL つかったら，のこりが 3L9dLに なりました。しょうゆは はじめに なんL なんdL ありましたか。〔10てん〕

しき

こたえ

4 水そうに 水が 4L7dL 入って います。そこに バケツで 水を 2L3dL 入れました。水そうの 水は なんLに なりましたか。〔10てん〕

 しき

こたえ

5 ジュースが 大きい びんに 8dL, 小さい びんに 4dL 入って います。ジュースは あわせて なんL なんdL あり ますか。〔10てん〕

しき

こたえ _____

6 ぎゅうにゅうを, けんじさんは 5dL, おにいさんは 9dL のみました。2人 あわせて ぎゅうにゅうを なんL なんdL のみましたか。〔10てん〕

しき

こたえ _____

7 水が やかんに 2L6dL 入って います。そこへ 水を 6dL 入れました。やかんの 水は なんL なんdLに なりま したか。〔10てん〕

しき

こたえ _____

8 あぶらが 7dL あります。きょう, あぶらを 2L5dL かって きました。あぶらは ぜんぶで なんL なんdLに なりま したか。〔15てん〕

しき

こたえ _____

9 ストーブに とうゆが 1L4dL 入って います。そこへ とうゆを 3L8dL 入れました。ストーブに 入って いる とうゆは, ぜんぶで なんL なんdLに なりましたか。〔15てん〕

しき

こたえ _____

1 ぎゅうにゅうが　びんに　4dL, かみパックに　2dL　入って　います。ちがいは　なんdLですか。〔5てん〕

 4dL 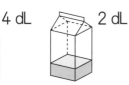 2dL

(しき) $4\,dL - 2\,dL = \boxed{}\,dL$　こたえ $\boxed{}\,dL$

2 ジュースが　かみパックに　6dL　入って　います。2dL　のむと, のこりは　なんdLに　なりますか。〔10てん〕

 $6\,dL - 2\,dL =$

こたえ

3 ジュースが　びんに　8dL, かみパックに　3dL　入って　います。ちがいは　なんdLですか。〔10てん〕

こたえ

4 ぎゅうにゅうが　かみパックに　6dL　入って　います。4dL　のむと, のこりは　なんdLに　なりますか。〔10てん〕

こたえ

5 しょうゆが　びんに　9dL　入って　います。3dL　つかうと, なんdL　のこりますか。〔10てん〕

(しき)

こたえ

あぶらが かんに 5L, びんに 2L 入って います。
ちがいは なんLですか。〔5てん〕

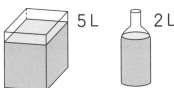 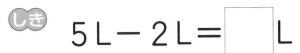

しき $5L - 2L = \boxed{} L$　　　　こたえ $\boxed{} L$

 水が 水そうに 6L, バケツに 3L 入って います。
ちがいは なんLですか。〔10てん〕

しき

こたえ _____

 あぶらが かんに 4L, びんに 2L 入って います。
ちがいは なんLですか。〔10てん〕

しき

こたえ _____

 水が やかんに 4L, 水とうに 1L 入って います。
やかんに 入って いる 水は, 水とうに 入って いる
水より なんL おおいでしょうか。〔10てん〕

しき

こたえ _____

 水が 水そうに 8L 入って います。水そうの 水を 5L
くみ出すと, のこりは なんLに なりますか。〔10てん〕

しき

こたえ _____

11 じどう車に ガソリンが 20L 入って います。きょう,
6L つかいました。じどう車に 入って いる ガソリンは
なんLに なりましたか。〔10てん〕

しき

こたえ _____

1 ぎゅうにゅうが かみパックに 800mL 入って います。きょう，300mL のみました。ぎゅうにゅうは なんmL のこって いますか。〔10てん〕

しき 800mL － 300mL

＝ ⬚ mL

こたえ ⬚ mL

2 ぎゅうにゅうが 大きい かみパックに 190mL，小さい かみパックに 80mL 入って います。2つの ぎゅうにゅう の かさの ちがいは なんmLですか。〔10てん〕

 190mL － 80mL ＝

こたえ _____ mL

3 あぶらが かんに 130mL 入って います。りょうりで 50mL つかいました。あぶらは なんmL のこって いますか。

〔10てん〕

こたえ _____

4 ジュースが びんに 750mL，かみパックに 40mL 入って います。2つの ジュースの かさの ちがいは なんmLです か。〔10てん〕

しき

こたえ _____

5 あぶらが 大きい かんに 2L5dL, 小さい かんに
1L3dL 入って います。2つの かんの あぶらの かさの
ちがいは なんLなんdLですか。〔10てん〕

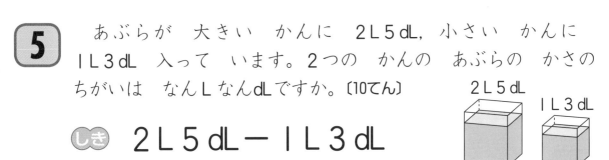

2L5dL
1L3dL

しき 2L5dL − 1L3dL

= ⬜ L ⬜ dL

こたえ ⬜ L ⬜ dL

6 ぎゅうにゅうが 2L8dL あります。きょう, 1L2dL のみ
ました。ぎゅうにゅうは なんLなんdL のこって いますか。

〔10てん〕

しき 2L8dL − 1L2dL

= L dL

こたえ _____

7 とうゆが かんに 4L6dL, びんに 1L4dL 入って
います。2つの とうゆの かさの ちがいは なんLなんdL
ですか。〔10てん〕

しき

こたえ _____

8 水そうに 水が 5L5dL 入って います。水そうの 水を
2L4dL くみ出しました。水そうの 水は なんLなんdLに
なりましたか。〔15てん〕

しき

こたえ _____

9 じどう車に ガソリンが 20L9dL 入って います。きょう,
8L5dL つかいました。じどう車に 入って いる ガソリン
は なんLなんdLに なりましたか。〔15てん〕

しき

こたえ _____

かさ(たいせき)の たしざんと ひきざん ⑨

1 しょうゆが びんに 1L5dL 入って います。きょう,りょうりで 2dL つかいました。しょうゆは なんL なんdL の こって いますか。〔10てん〕

 1L5dL − 2dL =

こたえ 　　　　L 　　　dL

2 ジュースが びんに 2L6dL,コップに 2dL 入って います。2つの ジュースの かさの ちがいは なんL なんdLですか。〔10てん〕

こたえ

3 ぎゅうにゅうが びんに 1L8dL,かみパックに 5dL 入って います。2つの ぎゅうにゅうの かさの ちがいは なんL なんdLですか。〔10てん〕

こたえ

4 水が 水とうに 1L7dL,コップに 2dL 入って います。どちらの 水の ほうが なんL なんdL おおいでしょうか。

〔10てん〕

こたえ

5 ジュースが 2L4dL あります。1L のむと, なんLなんdL のこりますか。〔10てん〕

 2L4dL－1L＝

こたえ _____L____dL

6 水が 水とうに 1L, やかんに 3L6dL 入って います。2つの いれものに 入って いる 水の かさの ちがいは なんL なんdLですか。〔10てん〕

こたえ _____

7 しょうゆが 3L7dL あります。2L つかうと, なんLなんdL のこりますか。〔10てん〕

こたえ _____

8 とうゆが かんに 6L8dL, びんに 2L 入って います。2つの とうゆの かさの ちがいは なんLなんdLですか。

〔15てん〕

こたえ _____

9 じどう車に ガソリンが 25L5dL 入って います。きょう, ガソリンを 5L つかいました。じどう車に 入って いる ガソリンは なんLなんdLに なりましたか。〔15てん〕

こたえ _____

1 ぎゅうにゅうが 大きい びんに 1L, 小さい びんに 6dL 入って います。2つの ぎゅうにゅうの かさの ちがいは なんdLですか。〔10てん〕

しき

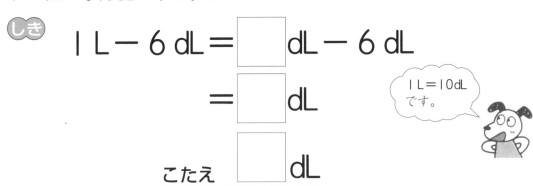

$$1L - 6dL = \boxed{}dL - 6dL$$
$$= \boxed{}dL$$

こたえ $\boxed{}$ dL

1L＝10dL です。

2 ジュースが 1L あります。4dL のむと, のこりは なん dLですか。〔10てん〕

しき  1L − 4dL ＝

こたえ _____ dL

3 しょうゆが 大きい びんに 1L, 小さい びんに 8dL 入って います。2つの しょうゆの かさの ちがいは なん dLですか。〔10てん〕

しき

こたえ _____

4 あぶらが 1L あります。きょう, りょうりで 3dL つかいました。あぶらは なんdL のこって いますか。〔10てん〕

しき

こたえ _____

5 しょうゆが 1L2dL あります。りょうりに 8dL つかいました。しょうゆは なんdL のこって いますか。〔10てん〕

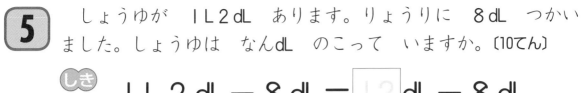

 $$1L2dL - 8dL = \boxed{12}dL - 8dL$$
$$= \boxed{}dL$$

こたえ 　$\boxed{}$ dL

6 ぎゅうにゅうが 1L3dL あります。7dL のむと, のこりは なんdLですか。〔10てん〕

しき 　1L3dL − 7dL =

こたえ 　　　　　　　　dL

7 ジュースが 水とうに 1L4dL, びんに 6dL 入っています。2つの ジュースの かさの ちがいは なんdLですか。〔10てん〕

こたえ

8 あぶらが 1L5dL あります。りょうりに 7dL つかいました。あぶらは なんdL のこって いますか。〔15てん〕

しき

こたえ

9 ぎゅうにゅうが 8dL, ジュースが 1L4dL あります。ぎゅうにゅうと ジュースは どちらの ほうが なんdL おおいでしょうか。〔15てん〕

しき

こたえ

とくてん

てん

答え 別冊解答
17ページ

1 ジュースが 1L4dL あります。5dL のむと, のこりは
なんdLですか。〔10てん〕

しき

こたえ

2 あぶらが かんに 2L4dL 入って います。そのうち,
8dLを つかいました。あぶらは なんL なんdL のこって
いますか。〔10てん〕

しき 2L4dL－8dL＝

こたえ ___ L ___ dL

3 水が やかんに 2L3dL, びんに 7dL 入って います。
やかんの 水は, びんの 水より なんL なんdL おおいでしょ
うか。〔10てん〕

しき

こたえ

4 水が 7dL, おちゃが 1L4dL あります。水と おちゃで
は どちらの ほうが なんdL おおいでしょうか。〔10てん〕

しき

こたえ

5 あぶらが かんに 2L4dL 入って います。そのうち, 1L5dL つかいました。あぶらは なんdL のこって います か。〔10てん〕

しき 2L4dL−1L5dL＝

こたえ _____ dL

6 ぎゅうにゅうが 2L4dL あります。きょう, 1L6dL のみました。ぎゅうにゅうは なんdL のこって いますか。

〔10てん〕

しき

こたえ _____

7 しょうゆが 2L あります。きょう, 1L4dL つかいました。 しょうゆは なんdL のこって いますか。〔10てん〕

しき 2L−1L4dL＝

こたえ _____ dL

8 じどう車に ガソリンが 20L 入って います。きょう, ガソリンを 5L8dL つかいました。じどう車に 入って いる ガソリンは なんL なんdLに なりましたか。〔15てん〕

しき

こたえ _____

9 水が やかんに 4L2dL, 水とうに 1L5dL 入って います。やかんの 水は, 水とうの 水より なんL なんdL おおいでしょうか。〔15てん〕

しき

こたえ _____

1 かほさんは, あさ 8時に いえを 出て, 8時10分に 学校に つきました。いえを 出てから 学校に つくまでに かかった 時間は なん分ですか。〔8てん〕

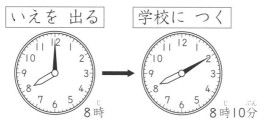

いえを 出る　学校に つく

8時　8時10分

こたえ 　　　　分

2 あおいさんは, 午前8時に いえを 出て, 8時15分に えきに つきました。いえを 出てから えきに つくまでに かかった 時間は なん分ですか。〔8てん〕

こたえ

3 ひろとさんは, 午前9時から 午前9時20分まで さんぽを しました。さんぽを した 時間は なん分ですか。〔12てん〕

こたえ

4 ゆうまさんは, 午後2時から 午後2時35分まで 本を よみました。本を よんだ 時間は なん分ですか。〔12てん〕

こたえ

5 れんさんは，午後4時10分から 午後4時20分まで なわとびを しました。なわとびを した 時間は なん分ですか。

〔12てん〕

こたえ _____

6 いつきさんは，午前11時20分から 午前11時45分まで ピアノを ひきました。ピアノを ひいて いた 時間は なん分ですか。〔12てん〕

こたえ _____

7 午後5時35分から 算数の べんきょうを はじめ，午後5時50分に おわりに しました。算数の べんきょうを した 時間は どれだけですか。〔12てん〕

こたえ _____

8 午前8時50分から 算数の べんきょうを はじめ，午前9時に おわりに しました。算数の べんきょうを した 時間は どれだけですか。〔12てん〕

こたえ _____

9 ももかさんは，午後3時20分から 午後4時まで テレビを 見ました。テレビを 見た 時間は どれだけですか。〔12てん〕

こたえ _____

答え▶ 別冊解答
17・18ページ

1 はるさんは，こうえんで　午後4時から　午後5時まで　あそびました。はるさんが，こうえんで　あそんだ　時間は　なん時間ですか。〔8てん〕

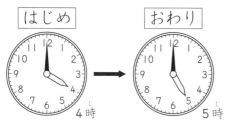

はじめ　　　おわり

4時　　　5時

こたえ ☐ 時間

2 あさひさんは，こうえんで　午前8時から　午前10時まで　あそびました。あさひさんが，こうえんで　あそんだ　時間は　なん時間ですか。〔8てん〕

こたえ ＿＿＿＿＿＿

3 りこさんが　見た　えいがは，午後2時に　はじまり，午後5時に　おわりました。えいがを　見て　いた　時間は　なん時間ですか。〔12てん〕

こたえ ＿＿＿＿＿＿

4 そうまさんは，午前9時に　いえを　出て，おばさんの　いえに　午前11時に　つきました。いえを　出てから　おばさんの　いえに　つくまでに，かかった　時間は　なん時間ですか。

〔12てん〕

こたえ ＿＿＿＿＿＿

5 ひまりさんは, 午前9時に いえを 出て, おばさんの いえに 午前12時に つきました。いえを 出てから おばさんの いえに つくまでに かかった 時間は どれだけですか。

〔12てん〕

こたえ _____

6 ゆうとさんは, 午前8時から 午前12時まで うみへ いきました。うみに いって いた 時間は どれだけですか。

〔12てん〕

こたえ _____

7 みつきさんは, 午前12時から 午後1時まで おばあさんの いえに いました。おばあさんの いえに いた 時間は どれだけですか。〔12てん〕

こたえ _____

8 ある おいしゃさんは, 午前12時から 午後2時までが ひる休みです。この おいしゃさんの ひる休みの 時間は どれだけですか。〔12てん〕

こたえ _____

9 えいたさんは, 正午(午前12時)から 午後5時まで デパートで かいものを しました。かいものに かかった 時間は どれだけですか。〔12てん〕

こたえ _____

1 りくとさんは，にわで　たいそうを　10分　したあと，なわとびを　20分　しました。あわせて　なん分ですか。〔8てん〕

こたえ ____ □ 分

2 あんなさんは，きのう　25分，きょうは　10分　本を　よみました。あわせて　なん分　よみましたか。〔12てん〕

こたえ ____

3 たくみさんは，午前8時に　いえを　出て，10分　あるいて学校に　つきました。学校に　ついた　時こくは　午前なん時なん分ですか。〔8てん〕

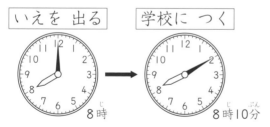

いえを　出る　　学校に　つく

8時　　8時10分

こたえ 午前 □ 時 □ 分

4 ゆうきさんは，午後3時から　20分　べんきょうを　しました。べんきょうが　おわった　時こくは　午後なん時なん分ですか。〔12てん〕

こたえ ____

5 いつきさんは，午前10時30分から 20分 さんぽを しました。さんぽが おわった 時こくは 午前なん時なん分ですか。〔12てん〕

こたえ _____

6 そらさんは，午前10時40分から 20分 どくしょを しました。どくしょを おえた 時こくは 午前なん時ですか。〔12てん〕

こたえ 午前 ☐ 時

7 さなさんは，午後4時45分から 15分 ダンスを しました。ダンスが おわった 時こくは 午後なん時ですか。〔12てん〕

こたえ _____

8 みゆさんが，いえから こうえんまで あるくと 10分 かかります。こうえんに 午前9時に つくように するには，いえを 午前なん時なん分に 出たら よいでしょうか。〔12てん〕

こたえ 午前 ☐ 時 ☐ 分

9 ひなたさんは いえを 出てから 15分 かかって，えきに 午後6時に つきました。ひなたさんが いえを 出た 時こく は 午後なん時なん分ですか。〔12てん〕

こたえ _____

61 かけざん①

答え▶別冊解答 18ページ

1 りんごが 2こずつ のった さらが 3さら あります。りんごは ぜんぶで なんこ ありますか。〔5てん〕

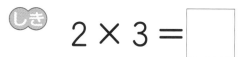 2×3＝□　　　こたえ □こ

2 花を 2本ずつ さして ある 花びんが 4つ あります。花は ぜんぶで なん本 ありますか。〔5てん〕

 2×4＝

こたえ 　　　本

3 メロンが 2こずつ 入った はこが 5はこ あります。メロンは ぜんぶで なんこ ありますか。〔10てん〕

こたえ

4 みかんを 1人に 2こずつ 6人に くばりました。くばった みかんは ぜんぶで なんこですか。〔10てん〕

こたえ

5 2人がけの いすが 7つ あります。ぜんぶで なん人 すわれますか。〔10てん〕

こたえ

6 なしが 2こずつ 入った かごが 9つ あります。なしは ぜんぶで なんこ ありますか。〔10てん〕

しき

こたえ

7 金ぎょが 2ひきずつ 入った ふくろが 6ふくろ あります。金ぎょは ぜんぶで なんびき いますか。〔10てん〕

しき

こたえ

8 いろがみを 1人に 2まいずつ 8人に くばります。いろがみは なんまい あれば よいでしょうか。〔10てん〕

しき

こたえ

9 ことりが 2わずつ 入った かごが 2つ あります。ことりは ぜんぶで なんわ いますか。〔10てん〕

しき

こたえ

10 えんぴつを 1人に 2本ずつ 7人に くばります。えんぴつは なん本 あれば よいでしょうか。〔10てん〕

しき

こたえ

11 1そうに 2人ずつ のった ボートが 4そう あります。ボートに のって いる 人は ぜんぶで なん人ですか。

〔10てん〕

しき

こたえ

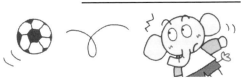

答え▶別冊解答 18ページ

1 りんごが 3こずつ のった さらが 4さら あります。りんごは ぜんぶで なんこ ありますか。〔5てん〕

 $3 \times 4 = $ □　　　　　こたえ □ こ

2 あめを 1人に 3こずつ 6人に くばります。あめは ぜんぶで なんこ あれば よいでしょうか。〔5てん〕

 $3 \times 6 = $

こたえ

3 花を 3本ずつ さした 花びんが 5つ あります。花は ぜんぶで なん本 ありますか。〔10てん〕

こたえ

4 がようしを 1人に 3まいずつ 3人に くばります。がようしは なんまい あれば よいでしょうか。〔10てん〕

しき

こたえ

5 1そうに 3人ずつ のった ボートが 7そう あります。ボートに のって いる 人は ぜんぶで なん人ですか。

〔10てん〕

しき

こたえ

6 ももが 3こずつ 入った はこが 6ぱこ あります。もも は ぜんぶで なんこ ありますか。〔10てん〕

しき

こたえ

7 あめを 1人に 3こずつ 9人に くばりました。くばった あめは ぜんぶで なんこですか。〔10てん〕

しき

こたえ

8 3人がけの いすが 5つ あります。ぜんぶで なん人 すわれますか。〔10てん〕

しき

こたえ

9 なしが 3こずつ 入った かごが 2つ あります。なしは ぜんぶで なんこ ありますか。〔10てん〕

しき

こたえ

10 シールを 1人に 3まいずつ 8人に くばります。シール は なんまい あれば よいでしょうか。〔10てん〕

しき

こたえ

11 えんぴつを 1人に 3本ずつ 7人に くばります。えんぴ つは なん本 あれば よいでしょうか。〔10てん〕

しき

こたえ

63

かけざん③

1 花を 4本ずつ さした 花びんが 3つ あります。花は
ぜんぶで なん本 ありますか。〔10てん〕

しき $4 \times 3 =$ 〔　〕　　**こたえ** 〔　〕本

2 いろがみを 1人に 4まいずつ くばります。6人に くば
るには, いろがみは ぜんぶで なんまい あれば よいでしょ
うか。〔10てん〕

しき $4 \times 6 =$

こたえ　　　　　まい

3 りんごを 1さらに 4こずつ のせます。さらが 5まい
あります。りんごは ぜんぶで なんこ あれば よいでしょう
か。〔10てん〕

しき

こたえ

4 おかしが 1はこに 4こずつ 入って います。2はこでは
おかしは なんこに なりますか。〔10てん〕

しき

こたえ

5 あめを 1人に 4こずつ くばります。子ども 7人に
くばるには, あめは なんこ あれば よいでしょうか。〔10てん〕

しき

こたえ

6 4人のりの じどう車が 4だい あります。ぜんぶで なん人 のる ことが できますか。〔10てん〕

こたえ _____

7 なしを 4こずつ 入れた かごが 8つ あります。なしは ぜんぶで なんこ ありますか。〔10てん〕

こたえ _____

8 ノートを 4さつずつ たばに して います。9たば できました。ノートは ぜんぶで なんさつ ありますか。〔10てん〕

こたえ _____

9 だんごを 1本の くしに 4こずつ さします。くしが 7本 あります。だんごは ぜんぶで なんこ あれば よいでしょうか。〔10てん〕

こたえ _____

10 1本 4cmの テープを 8本 つくります。テープは なんcm あれば よいでしょうか。〔10てん〕

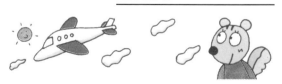

こたえ _____

64

かけざん④

とくてん

てん

答え 別冊解答 19ページ

1 みかんが 5こずつ 入って いる ふくろが 3ふくろ あります。みかんは ぜんぶで なんこ ありますか。〔10てん〕

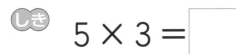

しき 5 × 3 = ☐　　　こたえ ☐ こ

2 えんぴつを 1人に 5本ずつ くばります。7人に くばるには, えんぴつは ぜんぶで なん本 あれば よいでしょうか。〔10てん〕

しき 5 × 7 =

こたえ 本

3 りんごが 1つの かごに 5こずつ 入って います。かごが 2つでは, りんごは なんこに なりますか。〔10てん〕

しき

こたえ

4 おはじきを 1人に 5こずつ 4人に あげました。あげたおはじきは ぜんぶで なんこですか。〔10てん〕

しき

こたえ

5 ケーキを 1はこに 5こずつ 入れます。5はこ ぜんぶに入れるには, ケーキは なんこ あれば よいでしょうか。〔10てん〕

しき

こたえ

6 ふうせんを 1人に 5つずつ くばります。6人に くばる には, ふうせんは ぜんぶで いくつ あれば よいでしょう か。〔10てん〕

 しき

こたえ _____

7 1つの 花びんに 花が 5本ずつ さして あります。花び んは 9つ あります。花は ぜんぶで なん本 ありますか。

〔10てん〕

 しき

こたえ _____

8 5人のりの じどう車が 3だい あります。ぜんぶで なん 人 のる ことが できますか。〔10てん〕

しき

こたえ _____

9 シールを 1人に 5まいずつ くばります。8人に くばる には, シールは ぜんぶで なんまい あれば よいでしょう か。〔10てん〕

 しき

こたえ _____

10 テープを 5cmずつに きったら, ちょうど 6本 できま した。はじめに テープは なんcm ありましたか。〔10てん〕

しき

こたえ _____

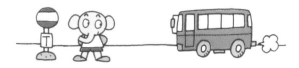

65

かけざん⑤

1 いろがみを 1人に 6まいずつ くばります。子どもは 4人 います。いろがみは なんまい あれば よいでしょうか。

〔5てん〕

しき 6 × 4 = ☐

こたえ ☐ まい

2 おかしが 1はこに 6こずつ 入って います。3はこでは おかしは なんこに なりますか。〔5てん〕

しき 6 × 3 =

こたえ _____

3 チョコレートを 1人に 6こずつ くばります。子どもは 5人 います。チョコレートは なんこ あれば よいでしょうか。〔10てん〕

しき

こたえ _____

4 花が 6本ずつ 入って いる 花びんが 2つ あります。花は ぜんぶで なん本 ありますか。〔10てん〕

しき

こたえ _____

5 りんごを 1つの かごに 6こずつ 入れます。かごは 6つ あります。りんごは ぜんぶで なんこ あれば よいでしょうか。〔10てん〕

しき

こたえ _____

6 リボンを きって, 6 cmの リボンを 7本 つくります。
リボンは なんcm あれば よいでしょうか。〔10てん〕

（しき）

こたえ _____

7 6人ずつ すわる ことの できる いすが 8つ ありま
す。ぜんぶで なん人 すわる ことが できますか。〔10てん〕

（しき）

こたえ _____

8 竹ひごを 6 cmずつに きったら, ちょうど 5本 できま
した。はじめに 竹ひごは なんcm ありましたか。〔10てん〕

（しき）

こたえ _____

9 えんぴつが 6本ずつ 入って いる はこが 9はこ
あります。えんぴつは ぜんぶで なん本 ありますか。〔10てん〕

（しき）

こたえ _____

10 しおりさんの くみで 6人ずつの はんを つくったら,
ちょうど 6はん できました。しおりさんの くみは なん人
いますか。〔10てん〕

（しき）

こたえ _____

11 おなじ あつさの ノートを 8さつ つみました。ノート
1さつの あつさは 6 mmです。ぜんたいの あつさは なん
cmなんmmに なりますか。〔10てん〕

（しき）

こたえ _____

答え ▶ 別冊解答
19 ページ

1 花を 7本ずつ たばに して います。たばは 5たば できました。花は ぜんぶで なん本 ありますか。〔5てん〕

しき $7 \times 5 = \boxed{}$　　こたえ $\boxed{}$本

2 おはじきを 1人に 7こずつ くばります。子どもは 4人 います。おはじきは ぜんぶで なんこ あれば よいでしょうか。〔5てん〕

しき $7 \times 4 =$ 　　こたえ　　　　こ

3 おかしが 1はこに 7こずつ 入って います。2はこぶんでは, おかしは なんこに なりますか。〔10てん〕

しき

こたえ

4 あめを 1人に 7こずつ くばります。子どもは 3人 います。あめは ぜんぶで なんこ あれば よいでしょうか。

〔10てん〕

しき

こたえ

5 あやとさんの くみには, 7人ずつの グループが 5つ あります。あやとさんの くみは ぜんぶで なん人ですか。

〔10てん〕

しき

こたえ

6 はり金を 7cmずつに きったら，ちょうど 8本 できました。はじめに はり金は なんcm ありましたか。〔10てん〕

こたえ ＿＿＿＿＿＿＿

7 いろがみを 1人に 7まいずつ 9人に くばりました。くばった いろがみは ぜんぶで なんまいですか。〔10てん〕

こたえ ＿＿＿＿＿＿＿

8 サインペンが 7本ずつ 入って いる ふくろが 6ふくろ あります。サインペンは ぜんぶで なん本 ありますか。

〔10てん〕

こたえ ＿＿＿＿＿＿＿

9 ふうせんを 1人に 7つずつ くばります。子どもは 7人 います。ふうせんは ぜんぶで いくつ あれば よいでしょうか。〔10てん〕

しき

こたえ ＿＿＿＿＿＿＿

10 4ふくろに くりが 7こずつ 入って います。くりは ぜんぶで なんこ ありますか。〔10てん〕

しき

こたえ ＿＿＿＿＿＿＿

11 1しゅう間は 7日です。3しゅう間は なん日ですか。

〔10てん〕

しき

こたえ ＿＿＿＿＿＿＿

67 かけざん⑦

とくてん

てん

答え 別冊解答 19・20ページ

1 いろがみを 1人に 8まいずつ くばります。子どもは 4人 います。いろがみは ぜんぶで なんまい あれば よい でしょうか。〔5てん〕

しき $8 \times 4 = \boxed{}$　　こたえ $\boxed{}$まい

2 りんごが 1はこに 8こずつ 入って います。3はこでは りんごは なんこ ありますか。〔5てん〕

しき $8 \times 3 =$　　こたえ

3 シールを 1人に 8まいずつ くばります。子どもは 5人 います。シールは ぜんぶで なんまい あれば よいでしょう か。〔10てん〕

しき

こたえ

4 8人ずつ すわる ことの できる いすが 6つ ありま す。ぜんぶで なん人 すわる ことが できますか。〔10てん〕

しき

こたえ

5 テープを 8cmずつに きったら，ちょうど 7本 できま した。はじめに テープは なんcm ありましたか。〔10てん〕

しき

こたえ

6 花を　8本ずつ　たばに　して　います。たばは　5たば
できました。花は　ぜんぶで　なん本　ありますか。〔10てん〕

しき

こたえ _____

7 子どもが　8人ずつ　グループを　つくりました。グループは
3つ　できました。子どもは　ぜんぶで　なん人　いますか。

〔10てん〕

しき

こたえ _____

8 みかんを　1人に　8こずつ　くばります。子どもは　8人
います。みかんは　ぜんぶで　なんこ　あれば　よいでしょう
か。〔10てん〕

しき

こたえ _____

9 金ぎょが　8ひきずつ　入って　いる　水そうが　2つ
あります。金ぎょは　ぜんぶで　なんびき　いますか。〔10てん〕

しき

こたえ _____

10 1本の　ながさが　8cmの　竹ひごを　4本　つかって
四角形を　つくりました。この　四角形の　まわりの　ながさは
なんcmですか。〔10てん〕

しき

こたえ _____

11 子どもが　9人　います。あめを　1人に　8こずつ　くばる
には，あめは　ぜんぶで　なんこ　あれば　よいでしょうか。

〔10てん〕

しき

こたえ _____

かけざん **137**

1 9人ずつで 1チームを つくります。4チーム つくるに
は, なん人 いれば よいでしょうか。〔6てん〕

しき $9 \times 4 =$ ☐　　　こたえ ☐人

2 なしが 1はこに 9こずつ 入って います。5はこでは,
なしは なんこに なりますか。〔7てん〕

しき $9 \times 5 =$　　　こたえ

3 花を 9本ずつで 1たばに します。7たば つくるには,
花は ぜんぶで なん本 あれば よいでしょうか。〔10てん〕

しき

こたえ

4 クッキーを 1人に 9こずつ くばります。子どもは 3人
います。クッキーは ぜんぶで なんこ あれば よいでしょう
か。〔10てん〕

しき

こたえ

5 ひもを 9cmずつに きったら, ちょうど 6本 できまし
た。はじめに ひもは なんcm ありましたか。〔10てん〕

しき

こたえ

6 しょうまさんの　くみには，9人ずつの　グループが　4つ
あります。しょうまさんの　くみは　ぜんぶで　なん人ですか。

〔10てん〕

（しき）　　　　　　　　　　　　　　　　　　　こたえ _____

7 いろがみを　1人に　9まいずつ　くばります。子どもは
8人　います。いろがみは　ぜんぶで　なんまい　あれば　よい
でしょうか。〔10てん〕

（しき）　　　　　　　　　　　　　　　　　　　こたえ _____

8 1本の　ながさが　9cmの　竹ひごを　3本　つかって
三角形（さんかくけい）を　つくりました。この　三角形（さんかくけい）の　まわりの　ながさは
なんcmですか。〔10てん〕

（しき）　　　　　　　　　　　　　　　　　　　こたえ _____

9 花が　1本ずつ　さして　ある　花びんが　3つ　あります。
花は　ぜんぶで　なん本　ありますか。〔7てん〕

（しき）　1 × 3 ＝

こたえ _____ 本

10 まいにち　1さつずつ　え本を　よみます。7日間（かん）では，なん
さつ　よむ　ことに　なりますか。〔10てん〕

（しき）　　　　　　　　　　　　　　　　　　　こたえ _____

11 とりかごに　カナリアが　1わずつ　入って　います。とりか
ごは　8つ　あります。カナリアは　ぜんぶで　なんわ　います
か。〔10てん〕

（しき）

こたえ _____

1 さくらさんは おはじきを 4こ もって います。おねえさんは, おはじきを さくらさんの 2ばい もって います。おねえさんは おはじきを なんこ もって いますか。〔8てん〕

さくらさん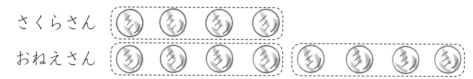
おねえさん

しき $4 × 2 = \boxed{}$　　こたえ $\boxed{}$ こ

2 赤い いろがみが 7まい あります。青い いろがみは, 赤い いろがみの 3ばい あるそうです。青い いろがみは なんまい ありますか。〔8てん〕

しき $7 × 3 =$

こたえ　　　　　まい

3 きいろい リボンが 5cm あります。白い リボンは, きいろい リボンの 4ばい あるそうです。白い リボンは なんcm ありますか。〔12てん〕

しき

こたえ

4 みなとさんは あめを 3こ もって います。おにいさんは, あめを みなとさんの 8ばい もって います。おにいさんは あめを なんこ もって いますか。〔12てん〕

しき

こたえ

5 りんごが 9こ あります。みかんは，りんごの 3ばい あるそうです。みかんは なんこ ありますか。〔12てん〕

しき

こたえ

6 あかりさんの いもうとは いろがみを 6まい もって います。あかりさんは，いろがみを いもうとの 2ばい もって います。あかりさんは いろがみを なんまい もって いますか。〔12てん〕

しき

こたえ

7 たかさが 2mの 木が あります。ビルの たかさは，この 木の たかさの 4ばい あるそうです。ビルの たかさは なんm ありますか。〔12てん〕

しき

こたえ

8 小さい はこに いちごが 8こ 入って います。大きい はこの いちごは，小さい はこの いちごの 3ばいだそうです。大きい はこに いちごは なんこ 入って いますか。

〔12てん〕

しき

こたえ

9 そうたさんは えんぴつを 4本 もって います。ゆうせいさんは，えんぴつを そうたさんの 3ばい もって います。ゆうせいさんは えんぴつを なん本 もって いますか。〔12てん〕

しき

こたえ

70 かけざん⑩

答え▶ 別冊解答 20ページ

1 みかんを 3こずつ 10人の 子どもたちに くばります。みかんは ぜんぶで なんこ あれば よいでしょうか。かけざんの ひょうを かんせいさせて こたえましょう。〔20てん〕

				かけ	る	数				
		1	2	3	4	5	6	7	8	9	10
かけられる数	3	3	6	9	12	15	18	21	24	27	

しき 3×10＝

こたえ 　　　　　　　　　こ

2 4人がけの いすが 11きゃく あります。いす ぜんぶに 人が すわると, みんなで なん人 すわる ことが できますか。かけざんの ひょうを かんせいさせて こたえましょう。

〔20てん〕

				か	け	る	数					
		1	2	3	4	5	6	7	8	9	10	11
かけられる数	4	4	8	12	16	20	24	28	32	36	40	

しき

こたえ

3 2年生が 6人ずつ グループに わかれる ことに なりました。グループは 12 できました。2年生は みんなで なん人 いますか。かけざんの ひょうを かんせいさせて こたえましょう。〔20てん〕

	か	け	る		数							
	1	2	3	4	5	6	7	8	9	10	11	12
かけられる数 6	6	12	18	24	30	36	42	48	54			

こたえ _____

4 あめを 5こずつ 10人の 子どもたちに くばります。あめは ぜんぶで なんこ あれば よいでしょうか。〔20てん〕

こたえ _____

5 おはじきを 1ふくろに 10こずつ わけました。ちょうど 7ふくろ できました。おはじきは ぜんぶで なんこ ありましたか。〔20てん〕

こたえ _____

かけざん⑪

1 りんごが 3こずつ のった さらが 6さら あります。りんごは ぜんぶで なんこ ありますか。〔8てん〕

 しき

こたえ _____

2 みかんを 1人に 4こずつ くばります。子どもは 5人 います。みかんは ぜんぶで なんこ あれば よいでしょうか。

〔8てん〕

 しき

こたえ _____

3 ひもを 5cmずつに きったら，ちょうど 4本 できました。はじめに ひもは なんcm ありましたか。〔8てん〕

 しき

こたえ _____

4 いろがみを 1人に 8まいずつ くばります。子どもは 7人 います。いろがみは ぜんぶで なんまい あれば よいでしょうか。〔8てん〕

 しき

こたえ _____

5 こはるさんは おはじきを 6こ もって います。おねえさんは，おはじきを こはるさんの 3ばい もって います。おねえさんは おはじきを なんこ もって いますか。〔8てん〕

 しき

こたえ _____

6 あつさが 9cmの レンガを 4だん かさねました。ぜんたいの あつさは なんcmに なりましたか。〔10てん〕

しき

こたえ _____

7 子どもが 7人 います。ふうせんを 1人に 2つずつ くばります。ふうせんは ぜんぶで いくつ あれば よいでしょうか。〔10てん〕

しき

こたえ _____

8 えんぴつを 7本ずつの たばに した ものが 5たば あります。えんぴつは ぜんぶで なん本 ありますか。〔10てん〕

しき

こたえ _____

9 4人がけの いすが 10きゃく あります。ぜんぶで なん人 すわれますか。〔10てん〕

しき

こたえ _____

10 かごが 6つ あります。どの かごにも なしを 9こずつ 入れました。なしは ぜんぶで なんこ ありますか。〔10てん〕

しき

こたえ _____

11 赤い いろがみが 3まい あります。青い いろがみは, 赤い いろがみの 6ばい あるそうです。青い いろがみは なんまい ありますか。〔10てん〕

しき

こたえ _____

72 いろいろな もんだい①

答え▶ 別冊解答 21ページ

1 1まい 8円の がようしを 4まいと, 30円の けしゴム を 1こ かいました。ぜんぶで なん円ですか。〔8てん〕

8円　8円　8円　8円　30円

しき $8 \times 4 = 32$,　$32 + 30 =$ □

こたえ □ 円

2 たまごを 1はこに 7こずつ 6はこに 入れましたが, まだ 37こ のこって います。たまごは ぜんぶで なんこ ありますか。〔8てん〕

しき 　$7 \times 6 = 42$,　$42 + 37 =$

こたえ _____

3 1こ 9円の あめを 4こと, 50円の ガムを 1こ かいました。ぜんぶで なん円ですか。〔12てん〕

しき

こたえ _____

4 いろがみを 1人に 7まいずつ 8人に くばりました。 いろがみは まだ 5まい のこって います。いろがみは はじめに なんまい ありましたか。〔12てん〕

しき

こたえ _____

5 ケーキを 1はこに 7こずつ 6ぱこに 入れましたが, まだ 15こ のこって います。ケーキは ぜんぶで なんこ ありますか。〔12てん〕

しき

こたえ _____

6 花を 9本ずつ 8つの 花びんに さしました。まだ 24本 のこって います。花は ぜんぶで なん本 ありますか。

〔12てん〕

しき

こたえ _____

7 いちかさんは 20円の いろがみを 1まいと, 1まい 5円の シールを 7まい かいました。ぜんぶで なん円に なりますか。〔12てん〕

しき

こたえ _____

8 おかしが はこに 入って います。ひかりさんの かぞく は, 6こずつ ならんだ おかしを 2れつと あと 3こ た べました。ひかりさんの かぞくは ぜんぶで なんこ たべま したか。〔12てん〕

しき

こたえ _____

9 12きゃくの ながいすに 子どもが それぞれ 4人ずつ すわりましたが, まだ 60人が 立って います。子どもは ぜんぶで なん人 いますか。〔12てん〕

しき

こたえ _____

73 いろいろな もんだい②

答え▶ 別冊解答 21ページ

1 はこに おかしが 5こずつ 4れつ 入って います。6こ たべると, のこりは なんこに なりますか。〔8てん〕

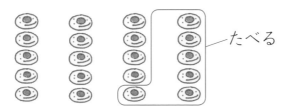 ―たべる

 $5 \times 4 = 20, \quad 20 - 6 = \boxed{}$

こたえ $\boxed{}$ こ

2 6まい入りの ガムを 3つ もって います。8まい いもうとに あげると, のこりは なんまいに なりますか。〔8てん〕

 $6 \times 3 =$

こたえ ＿＿＿＿＿＿ まい

3 ケーキが 2こずつ 5まいの さらに のって います。3こ たべると, のこりは なんこに なりますか。〔12てん〕

しき

こたえ ＿＿＿＿＿＿＿

4 たまごが はこに 8こずつ 2れつ 入って いました。きょう, 7こ りょうりに つかいました。たまごは なんこ のこって いますか。〔12てん〕

しき

こたえ ＿＿＿＿＿＿＿

5 りんごが 5こずつ 5つの かごに 入って います。7こ たべると, のこりは なんこに なりますか。〔12てん〕

こたえ _____

6 あいりさんは 1たばが 8まいずつの いろがみを 8た ば もって いました。いもうとに 19まい あげました。あ いりさんの いろがみは なんまいに なりましたか。〔12てん〕

こたえ _____

7 みかんが 9こずつ 入った ふくろが 10ぷくろ ありま す。15こ たべると, のこりは なんこに なりますか。〔12てん〕

こたえ _____

8 子どもが 3人ずつ 11きゃくの ながいすに すわって います。そのうち 13人が 立つと, すわって いる 子ども は なん人に なりますか。〔12てん〕

こたえ _____

9 花が 5本ずつ 7つの 花びんに さして あります。その うち 12本を ぬきました。花は 花びんに なん本 のこっ て いますか。〔12てん〕

こたえ _____

とくてん

てん

答え 別冊解答
21・22ページ

1 えんぴつが 20本 あります。3本ずつ 5人に くばると, のこりは なん本に なりますか。〔8てん〕

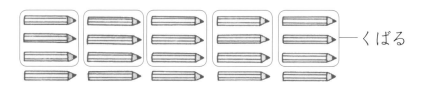
くばる

しき $3 \times 5 = 15, \quad 20 - 15 = \boxed{}$

こたえ $\boxed{}$ 本

2 かのんさんは 50円 もって いました。1まい 6円の シールを 7まい かいました。お金は なん円 のこって いますか。〔8てん〕

しき $6 \times 7 =$

こたえ 円

3 ジュースが 10本 あります。2本ずつ 4人に わけると, のこりは なん本に なりますか。〔12てん〕

しき

こたえ

4 ケーキが 20こ あります。3こずつ 6人に わけると, のこりは なんこに なりますか。〔12てん〕

しき

こたえ

5 いろがみが 40まい あります。5まいずつ 7人に わけると、いろがみは なんまい のこりますか。〔12てん〕

しき

<u>こたえ</u>

6 りくさんは 100円 もって います。1まい 7円の シールを 9まい かいました。お金は なん円 のこって いますか。〔12てん〕

しき

<u>こたえ</u>

7 いろはさんは 花を 110本 かいました。1たばが 5本の 花たばを 8たば つくると、花は なん本 のこりますか。
〔12てん〕

しき

<u>こたえ</u>

8 ゆうなさんは おはじきを 85こ もって います。6こずつ 5人に あげると、なんこ のこりますか。〔12てん〕

しき

<u>こたえ</u>

9 みかんが 150こ あります。11人に 8こずつ あげると、なんこ のこりますか。〔12てん〕

しき

<u>こたえ</u>

ひとやすみ

◆九九の しき
つぎの しきの □ に 入る かずが こたえと なる 九九を いいましょう。

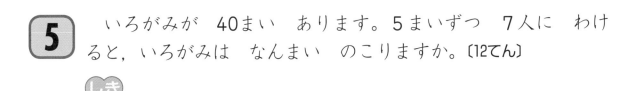

① □ ＋4＝24 ② □ －5＝30

（こたえは べっさつの 23ページ）

75 ならびかた①

1 子どもが 1れつに ならんで います。あんなさんは いちばん うしろです。あんなさんの まえに 4人 ならんで います。ぜんぶで なん人 ならんで いますか。〔10てん〕

しき 4＋1＝ □   こたえ □人

2 子どもが 1れつに ならんで います。ひなたさんは いちばん まえです。ひなたさんの うしろに 3人 ならんで います。ぜんぶで なん人 ならんで いますか。〔10てん〕

しき

こたえ _____

3 子どもが 1れつに ならんで います。ゆづきさんの まえに 4人，うしろに 3人 ならんで います。ぜんぶで なん人 ならんで いますか。〔10てん〕

しき 4＋3＋1＝ □   こたえ □人

4 子どもが 1れつに ならんで います。れんさんの まえに 5人，うしろに 4人 います。ぜんぶで なん人 ならんで いますか。〔10てん〕

しき 5 + 4 + 1 =

こたえ 　　　　　人

5 子どもが 1れつに ならんで います。かほさんの まえに 5人，うしろに 6人 います。ぜんぶで なん人 ならんで いますか。〔15てん〕

しき

こたえ

6 子どもが 1れつに なって けんさを うけて います。そうまさんの まえに 7人，うしろに 4人 ならんで います。子どもは ぜんぶで なん人 ならんで いますか。〔15てん〕

しき

こたえ

7 ていりゅうじょで 1れつに ならんで バスを まって います。ももかさんの まえに 6人，うしろに 8人 います。ぜんぶで なん人 ならんで いますか。〔15てん〕

しき

こたえ

8 きっぷうりばの まえに ながい れつが できて います。りょうまさんの まえに 10人，うしろに 7人 ならんで います。ぜんぶで なん人 ならんで いますか。〔15てん〕

しき

こたえ

76

ならびかた②

1 　子どもが　1れつに　ならんで　います。えいたさんは　まえから　3ばんめで，うしろから　かぞえると　2ばんめだそうです。子どもは　ぜんぶで　なん人　ならんで　いますか。〔8てん〕

こたえ 　□ 人

2 　子どもが　1れつに　ならんで　います。あかりさんは　まえから　3ばんめで，うしろから　かぞえると　4ばんめだそうです。子どもは　ぜんぶで　なん人　ならんで　いますか。〔8てん〕

しき 　3 ＋ 4 － 1 ＝ 　　　　　　こたえ 　　　　　人

3 　子どもが　1れつに　なって　けんさを　うけて　います。つむぎさんは　まえから　7ばんめで，うしろから　10ばんめだそうです。子どもは　ぜんぶで　なん人　ならんで　いますか。

〔12てん〕

しき

こたえ

4 　本が　つみかさねて　あります。ものがたりの　本は　上から　8さつめで，下から　4さつめだそうです。本は　ぜんぶで　なんさつ　つみかさねて　ありますか。〔12てん〕

しき

こたえ

5 　子どもが　7人　1れつに　ならんで　います。ひろとさんは
まえから　3ばんめだそうです。ひろとさんは，うしろから
かぞえると　なんばんめですか。〔12てん〕

ひろとさん

まえ　　　　　　　　　うしろ

7－3＝4。
4ばんめでは
ないです。

こたえ　□ばんめ

6 　子どもが　7人　1れつに　ならんで　います。しおりさんは
まえから　4ばんめだそうです。しおりさんは，うしろから
なんばんめですか。〔12てん〕

 しき　7－4＋1＝

こたえ　　　　　　　ばんめ

7 　ぼうしかけに　ぼうしが　1れつに　10　かけて　あります。
みつきさんの　ぼうしは　左から　4ばんめだそうです。みつき
さんの　ぼうしは，右から　かぞえると　なんばんめですか。

〔12てん〕

 しき

こたえ

8 　子ども　12人が　水のみばに　1れつに　ならんで　います。
りこさんは　まえから　8ばんめに　ならんで　います。りこさ
んは，うしろから　なんばんめですか。〔12てん〕

しき

こたえ

9 　きっぷを　かうために　15人が　1れつに　ならんで　いま
す。だいちさんは　まえから　6ばんめです。だいちさんは
うしろから　なんばんめですか。〔12てん〕

しき

こたえ

77

2年の　まとめ①

1 あおいさんは　おはじきを　54こ　もって　いました。いもうとに　16こ　あげました。あおいさんの　おはじきは　なんこに　なりましたか。〔10てん〕

しき

こたえ＿＿＿＿＿＿＿＿＿＿

2 ケーキが　1はこに　6こずつ　入って　います。7はこでは　ケーキは　ぜんぶで　なんこに　なりますか。〔10てん〕

しき

こたえ＿＿＿＿＿＿＿＿＿＿

3 水そうに　水が　2L6dL　入って　います。そこに　バケツで　水を　1L5dL　入れました。水そうの　水は　なんLなんdLに　なりましたか。〔10てん〕

しき

こたえ＿＿＿＿＿＿＿＿＿＿

4 えんぴつが　120本　あります。この　えんぴつを　1くみ　37人と　2くみ　38人に　1本ずつ　くばります。えんぴつは　なん本　あまりますか。〔10てん〕

しき

こたえ＿＿＿＿＿＿＿＿＿＿

5 はるとさんは　午前9時40分から　20分　どくしょを　しました。どくしょを　おえた　時こくは　午前なん時ですか。

〔10てん〕

こたえ＿＿＿＿＿＿＿＿＿＿

6 ながさ　3m20cmの　テープが　あります。1m90cm　つかうと　のこりは　なんmなんcmですか。〔10てん〕

しき

こたえ _____

7 えんぴつを　9本ずつの　たばに　した　ものが　5たば　あります。えんぴつは　ぜんぶで　なん本　ありますか。〔10てん〕

しき

こたえ _____

8 ゆあさんは　おはじきを　75こ　もって　います。6こずつ　8人に　あげると　なんこ　のこりますか。〔10てん〕

しき

こたえ _____

9 子どもが　1れつに　ならんで　います。ひまりさんは，まえから　8ばんめ　うしろから　10ばんめだそうです。子どもは　ぜんぶで　なん人　ならんで　いますか。〔10てん〕

しき

こたえ _____

10 いちかさんは　100円　もって　います。1まい　3円の　シールを　10まい　かいました。お金は　なん円　のこって　いますか。〔10てん〕

しき

こたえ _____

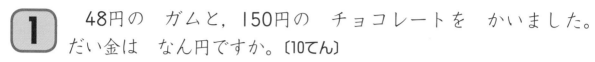

1 48円の ガムと, 150円の チョコレートを かいました。だい金は なん円ですか。〔10てん〕

 しき

こたえ _____

2 6こ入り パックの たまごが 3パック あります。そのうち 5こ りょうりに つかいました。たまごは なんこ のこって いますか。〔10てん〕

 しき

こたえ _____

3 かいとさんは どんぐりを 89こ ひろいました。おにいさんは 132こ ひろいました。ちがいは なんこですか。〔10てん〕

 しき

こたえ _____

4 ぎゅうにゅうが 1L ありました。きょう, 2dL のみました。ぎゅうにゅうは なんdL のこって いますか。〔10てん〕

 しき

こたえ _____

5 ゆうまさんは 130円 もって いました。あさ, おかあさんから 60円 もらいましたが, おひるに 85円 つかいました。お金は なん円 のこって いますか。〔10てん〕

 しき

こたえ _____

6　たいせいさんが　たかさ　65cmの　だいの　うえに　立つと　ぜんたいの　たかさが　2mに　なりました。たいせいさんの　しんちょうは　なんmなんcmですか。〔10てん〕

しき

こたえ _____

 7　りんさんは　いえを　出てから　20分　かかって　えきに　午前11時に　つきました。りんさんが　いえを　出たのは　午前なん時なん分ですか。〔10てん〕

こたえ _____

 8　ふくらんだ　ふうせんが　42こ　あります。みんなで　ふうせんを　ふくらませたら，ふうせんは　129こに　なりました。ふうせんを　なんこ　ふくらませましたか。〔10てん〕

しき

こたえ _____

 9　りんごを　1はこに　7こずつ　4はこに　入れましたが，まだ　6こ　のこって　います。りんごは　ぜんぶで　なんこ　ありますか。〔10てん〕

しき

こたえ _____

10　花を　10本ずつ　たばねて　花たばを　9つ　つくりました。花は　なん本　ありましたか。〔10てん〕

しき

こたえ _____

基礎力をつけるには くもんの小学ドリル が 強いみかた!!

スモールステップで、らくらく力がついていく!!

算数

計算シリーズ（全13巻）
① 1年生たしざん
② 1年生ひきざん
③ 2年生たし算
④ 2年生ひき算
⑤ 2年生かけ算(九九)
⑥ 3年生たし算・ひき算
⑦ 3年生かけ算
⑧ 3年生わり算
⑨ 4年生わり算
⑩ 4年生分数・小数
⑪ 5年生分数
⑫ 5年生小数
⑬ 6年生分数

数・量・図形シリーズ（学年別全6巻）

文章題シリーズ（学年別全6巻）

学力チェックテスト

算数（学年別全6巻）
国語（学年別全6巻）
英語（5年生・6年生 全2巻）

国語

1年生ひらがな
1年生カタカナ
漢字シリーズ（学年別全6巻）
言葉と文のきまりシリーズ（学年別全6巻）
文章の読解シリーズ（学年別全6巻）
書き方(書写)シリーズ（全4巻）
① 1年生ひらがな・カタカナのかきかた
② 1年生かん字のかきかた
③ 2年生かん字の書き方
④ 3年生漢字の書き方

英語

3・4年生はじめてのアルファベット
ローマ字学習つき
3・4年生はじめてのあいさつと会話
5年生英語の文
6年生英語の文

くもんの算数集中学習　小学2年生 文章題にぐーんと強くなる

2020年 2月　第1版第1刷発行
2022年10月　第1版第7刷発行

● 発行人　志村直人
● 発行所　株式会社くもん出版
　　　　　〒141-8488 東京都品川区東五反田2-10-2
　　　　　東五反田スクエア11F
　　電話　編集直通　03(6836)0317
　　　　　営業直通　03(6836)0305
　　　　　代表　　　03(6836)0301

● 印刷・製本　凸版印刷株式会社
● カバーデザイン　辻中浩一+小池万友美(ウフ)
● カバーイラスト　亀山鶴子

© 2020 KUMON PUBLISHING CO.,Ltd Printed in Japan
ISBN 978-4-7743-2970-3

くもん出版ホームページアドレス https://www.kumonshuppan.com/

※本書は『文章題集中学習 小学2年生』を改題し、新しい内容を加えて編集しました。